Ensino de Ciências e Matemática

Relatos de experiências e Pesquisas realizadas no IFCE

Caroline de Goes Sampaio
Maria Cleide da Silva Barroso
Antônio Marley de Araújo Stedile

Organizadores

Ensino de Ciências e Matemática

Relatos de experiências e Pesquisas realizadas no IFCE

Copyright © 2024 Caroline de Goes Sampaio, Maria Cleide da Silva Barroso e Antônio Marley de Araújo Stedile

Editores: José Roberto Marinho e Victor Pereira Marinho
Projeto gráfico e Diagramação: Horizon Soluções Editoriais
Capa: Horizon Soluções Editoriais
Revisão: Horizon Soluções Editoriais

Texto em conformidade com as novas regras ortográficas do Acordo da Língua Portuguesa.

**Dados Internacionais de Catalogação na Publicação (CIP)
(Câmara Brasileira do Livro, SP, Brasil)**

Ensino de ciências e matemática: relatos de experiências e pesquisas realizadas no IFCE. / organização Caroline de Goes Sampaio, Maria Cleide da Silva Barroso, Antônio Marley de Araújo Stedile. - São Paulo: LF Editorial, 2024.

Vários autores.
Bibliografia.
ISBN: 978-65-5563-457-0

1. Biologia - Estudo e ensino 2. Ciência - Estudo e ensino 3. Física - Estudo e ensino 4. Matemática - Estudo e ensino 5. Pesquisas educacionais 6. Professores - Relatos I. Sampaio, Caroline de Goes. II. Barroso, Maria Cleide da Silva. III. Stedile, Antônio Marley de Araújo.

24-209483   CDD: 507

Índices para catálogo sistemático:

1. Ciências e matemática: Estudo e ensino 507

Eliane de Freitas Leite – Bibliotecária – CRB-8/8415

ISBN: 978-65-5563-457-0

Todos os direitos reservados. Nenhuma parte desta obra poderá ser reproduzida sejam quais forem os meios empregados sem a permissão dos organizadores. Aos infratores aplicam-se as sanções previstas nos artigos 102, 104, 106 e 107 da Lei n. 9.610, de 19 de fevereiro de 1998.

Impresso no Brasil | *Printed in Brazil*

LF Editorial
Fone: (11) 2648-6666 / Loja (IFUSP)
Fone: (11) 3936-3413 / Editora
www.livrariadafisica.com.br | www.lfeditorial.com.br

Conselho Editorial

Amílcar Pinto Martins
Universidade Aberta de Portugal

Arthur Belford Powell
Rutgers University, Newark, USA

Carlos Aldemir Farias da Silva
Universidade Federal do Pará

Emmánuel Lizcano Fernandes
UNED, Madri

Iran Abreu Mendes
Universidade Federal do Pará

José D'Assunção Barros
Universidade Federal Rural do Rio de Janeiro

Luis Radford
Universidade Laurentienne, Canadá

Manoel de Campos Almeida
Pontifícia Universidade Católica do Paraná

Maria Aparecida Viggiani Bicudo
Universidade Estadual Paulista - UNESP/Rio Claro

Maria da Conceição Xavier de Almeida
Universidade Federal do Rio Grande do Norte

Maria do Socorro de Sousa
Universidade Federal do Ceará

Maria Luisa Oliveras
Universidade de Granada, Espanha

Maria Marly de Oliveira
Universidade Federal Rural de Pernambuco

Raquel Gonçalves-Maia
Universidade de Lisboa

Teresa Vergani
Universidade Aberta de Portugal

RELAÇÃO DE AUTORES

Aiza Bella Teixeira da Silva
Alexya Heller Nogueira Rabelo
Ana Carolina Costa Pereira
Ana Clara Souza Araújo
Ana Karine Portela Vasconcelos
Avinnys da Costa Nogueira
Beatriz Jales de Paula
Caroline de Goes Sampaio
Davy Mororó Ximenes
Fernanda Vieira Pereira
Francisca Helena de Oliveira Holanda
Francisco Hemerson Brito da Silva
Francisco José de Lima
Francisco Régis Vieira Alves
Gilvandenys Leite Sales
João Guilherme Nunes Pereira
Juscileide Braga de Castro
Mairton Cavalcante Romeu
Maria Cleide da Silva Barroso
Maria Graciene Moreira dos Santos
Milena Vasconcelos Gomes
Murilo Rodrigues dos Santos
Natália Leite Nunes
Paula Iriane Sousa Teixeira
Rafaela Fernandes Pereira
Raphael Alves Feitosa
Victor Emanuel Pessoa Martins
Vitória Hellen Juca dos Santos
Willana Nogueira Medeiros Galvão

AGRADECIMENTOS

Às agências FUNCAP – Fundação Cearense de Apoio ao Desenvolvimento Científico e Tecnológico, CAPES – Coordenação de Aperfeiçoamento de Pessoal de Nível Superior e CNPQ – Conselho Nacional de Desenvolvimento Científico e Tecnológico por proporcionarem, por meio de concessão de bolsas de estudo para os autores, adequadas condições de produção científica.

À Secretaria de Educação do Estado do Ceará – SEDUC/CE, por oportunizar que seus professores possam se dedicar integralmente aos estudos. Esse ato de valorização profissional é fundamental para o crescimento pessoal e coletivo da comunidade docente e discente do estado do Ceará.

Ao Programa de Pós-Graduação em Ensino de Ciências e Matemática – PGECM, pela contribuição com a elevação do nível de conhecimento acadêmico e científico no Ceará.

Ao Instituto Federal de Educação, Ciência e Tecnologia do Estado do Ceará – IFCE, por contribuir com o desenvolvimento do PGECM, apoiando a pesquisa e inovação científica, oportunizando que mais professores tenham acesso ao nível de mestrado.

APRESENTAÇÃO

O livro "ENSINO DE CIÊNCIAS E MATEMÁTICA: RELATOS DE EXPERIÊNCIAS E PESQUISAS REALIZADAS NO IFCE" trata-se de uma junção de artigos elaborados pelos discentes e orientadores do programa de Pós-graduação em Ensino de Ciências e Matemática (PGECM). Essa compilação faz parte das ações da coordenação do programa, com o apoio dos docentes, com incentivo da Pró-Reitoria de Pesquisa, Pós-graduação e Inovação do IFCE (PRPI), buscando a produção acadêmica dos alunos, proporcionando uma ampla divulgação dos trabalhos desenvolvidos no programa PGECM.

Esta obra apresenta diversos artigos alinhados com os trabalhos desenvolvidos nas dissertações dos alunos, em consonâncias com as linhas de pesquisa do programa, a saber, ensino de Química e Biologia, ensino de Matemática, ensino de Física e ensino de Ciências e Matemática nos anos iniciais do ensino fundamental. Temáticas atuais são discutidas e apresentadas, como educação STEAM, educação CTS, letramento científico, métodos computacionais na educação, Teoria da Aprendizagem Significativas, entre muitos outros.

Organizado em 15 capítulos, todos voltados para o ensino de Ciências e Matemática, a partir de um viés qualitativo, destacando e ressaltando a relevância da área de Ensino da Capes, o livro apresenta uma ponte entre as pesquisas acadêmicas e os seus conhecimentos gerados na aplicação de processos educativos direcionados para o melhor aprendizados dos alunos, formação de professores e aspectos gerais da demanda social para a formação de um cidadão com saberes integrados.

Dessa forma, o capítulo 1 buscou mapear os letramentos desenvolvidos com a utilização da abordagem STEAM, destacando essa abordagem como eficaz para o desenvolvimento de diversos tipos de letramentos, em especial nas áreas da Matemática, Ciências, entre outros. O capítulo 2 tem por objetivo compreender de que maneira o Letramento Científico tem sido desenvolvido e trabalhado com alunos do Ensino Fundamental, percebendo-se o pouco aprofundamento das discussões referentes ao letramento em trabalhos nacionais. O capítulo 3 apresenta a utilização de métodos computacionais como estratégia para o ensino do cálculo de

ENSINO DE CIÊNCIAS E MATEMÁTICA

entalpia padrão de formação da água para físico-química, no ensino de Química. Indicando o pouco relato sobre a utilização dessas ferramentas no intuito de reduzir a abstração matemática no ensino de Química. O capítulo 4 buscou analisar as correntes de pensamento em Ciência, Tecnologia e Sociedade (CTS), conforme parâmetro histórico-reflexivo, destacando as vertentes europeia, norte-americana e latino-americana. Nessa percepção, os autores consideram que esse conjunto de vertentes tem sido essencial para a tessitura de compreensões acerca das questões do desenvolvimento científico e tecnológico em nível global. O capítulo 5 trata-se de uma pesquisa aplicada, que busca explorar a medição de comprimento, através do uso do báculo de Petrus Ramus, por meio de uma atividade investigativa para a construção de uma interface entre história e ensino de Matemática, para proporcionar a formação inicial de professores, promovendo, assim, uma articulação da teoria com a prática no desenvolvimento de competências e habilidades.

O capítulo 6 consiste em uma investigação de cunho bibliográfico, buscando apresentar como a Didática Profissional tem se dedicado à análise da atividade para o desenvolvimento de competências laborais, em especial para os professores de matemática. Com isso, foi possível colaborar para o enriquecimento da formação inicial e continuada do professor de matemática. O capítulo 7 os autores investigaram a eficácia da inclusão tecnológica na formação de professores de Física em relação aos conceitos associados às tecnologias digitais, especificamente na área de Termologia. A partir desse objetivo, foi possível concluir que a inclusão tecnológica na formação de professores de Física é fundamental para o aprimoramento do ensino de conceitos relacionados às tecnologias digitais. O capítulo 8 buscou analisar a aprendizagem de química, em alunos do ensino médio, após a participação de uma feira de científica. Percebeu-se que, além do aprendizado da ciência, a feira proporcionou aptidões como liderança, criatividade e organização. O capítulo 9 trata-se de uma Revisão Sistemática de Literatura (RSL) para observar a utilização dos interferômetros no ensino da interferência, o que permitiu identificar um cenário escasso de trabalhos voltados para o ensino dessa temática, evidenciando a necessidade de mais esforços por partes dos pesquisadores da área. O capítulo 10 buscou realizar uma observação histórica do ensino profissionalizando no Brasil, desde o período colonial até a Base Nacional Comum Curricular

(BNCC), reforçando que o país está inserido em um cenário pautado na exploração dos menos favorecidos, destinado apenas em comprimir as demandas do sistema econômico.

No capítulo 11 os autores trouxeram a importância da relação arte-ciência na formação de professores, ressaltando que ambas possuem similaridades, como criatividade e imaginação, como também apresenta diferenças, tais como cada uma tem suas próprias regras, metodologia. O capítulo 12 tem por objetivo apresentar o quanto a ludicidade pode ser favorável no ensino de matemática, constando que seu uso pode ser satisfatório na aprendizagem dessa disciplina. O capítulo 13 apresenta-se como uma análise do sistema educacional brasileiro pela ótica das reuniões mundiais. As autoras destacam que a Base Nacional Comum Curricular (BNCC), apesar de cumprir com os objetivos propostos na ODS 4, o texto ainda existe muito a se explorar, pois a educação, o sistema brasileiro, e as políticas que o cercam sempre estarão se moldando de acordo com a demanda da sociedade claro também sob os moldes do sistema econômico vigente: o capitalismo. O capítulo 14 tem por objetivo avaliar a aprendizagem dos alunos de uma escola pública de nível médio através de uma aula experimental no conteúdo de Química – ácidos e bases. A experimentação em química auxiliou no processo de aprendizagem para o conteúdo de ácidos e bases, proporcionando o aprendizado para a identificação dessas substâncias a partir do entendimento dos indicadores de pH, bem como o conhecimento sobre a escala de pH. O capítulo 15 buscou ensinar o conteúdo de tabela periódica seguindo os modelos de aula expositiva dialogada e dramatização, com o objetivo de comprovar a eficiência do método para a aprendizagem significativa, percebendo-se que os participantes da pesquisa se sentiram motivados e que gostaria de ter outros encontros semelhantes.

A todos os participantes deste livro, minha admiração, respeito e sentimento de gratidão. Aos leitores, nosso desejo de um aprofundamento e aperfeiçoamento nas pesquisas em Ensino de Ciências e Matemática.

Caroline de Goes Sampaio

SUMÁRIO

1. A produção acadêmica sobre a educação "STEAM" e o desenvolvimento de letramentos, 19

Paula Iriane Sousa Teixeira, Juscileide Braga de Castro e Milena Vasconcelos Gomes

2. Como explorar letramento científico no ensino fundamental?, 37

Milena Vasconcelos Gomes, Juscileide Braga de Castro

3. A utilização de métodos computacionais como estratégia para o ensino do cálculo de entalpia padrão de formação da água para físico-química, 55

Murilo Rodrigues dos Santos, Caroline de Goes Sampaio

4. As correntes de pensamento em Ciência, Tecnologia & Sociedade: uma análise histórica até seu status QUO, 67

João Guilherme Nunes Pereira, Caroline de Goes Sampaio

5. Algumas considerações sobre as habilidades da BNCC articuladas a uma prática experimental realizada com o báculo de PETRUS RAMUS, 85

Francisco Hemerson Brito da Silva, Ana Carolina Costa Pereira

6. O trabalho sob a perspectiva da didática profissional: um estudo direcionado a análise da atividade do professor de matemática, 99

Maria Graciene Moreira dos Santos, Francisco Régis Vieira Alves, Francisco José de Lima

7. Formação de professores e experimentos práticos: integrando conceitos de termologia e arduino para aprimorar o ensino de física, 113

Davy Mororó Ximenes, Willana Nogueira Medeiros Galvão, Gilvandenys Leite Sales

8. A análise na aprendizagem dos alunos do 3º ano do ensino médio na disciplina de química após a realização da feira de ciências, 131

Beatriz Jales de Paula, Ana Karine Portela Vasconcelos

9. O uso de interferômetros em sala de aula frente a abordagem curricular: uma revisão sistemática de literatura, 143

Ana Clara Souza Araújo, Vitória Hellen Juca dos Santos, Mairton Cavalcante Romeu

10. A trajetória do ensino profissionalizante no Brasil: da colônia à BNCC, 159

Alexya Heller Nogueira Rabelo, Maria Cleide da Silva Barroso, Francisca Helena de Oliveira Holanda

11. A relação arte-ciência na formação docente, 177

Aiza Bella Teixeira da Silva, Caroline de Goes Sampaio, Victor Emanuel Pessoa Martins, Raphael Alves Feitosa

12. Contribuições da ludicidade no ensino de matemática, 195

Fernanda Vieira Pereira, Francisco José de Lima

13. Uma análise no sistema educacional brasileiro: as perspectivas dadas pelas reuniões mundiais, 207

Rafaela Fernandes Pereira, Maria Cleide da Silva Barroso, Francisca Helena de Oliveira Holanda

14. Ensino de química: relato de experiência da experimentação como ferramenta de aprendizagem de ácidos e bases, 223

Natália Leite Nunes, Caroline de Goes Sampaio

15. A utilização de estratégias de ensino como contribuição para a Aprendizagem Significativa nos conteúdos sobre Tabela Periódica, 239

Avinnys da Costa Nogueira, Caroline de Goes Sampaio, Maria Cleide da Silva Barroso

A PRODUÇÃO ACADÊMICA SOBRE A EDUCAÇÃO STEAM E O DESENVOLVIMENTO DE LETRAMENTOS

Paula Iriane Sousa Teixeira
Juscileide Braga de Castro
Milena Vasconcelos Gomes

Resumo

O STEAM é um acrônimo para Ciência (*Science*), Tecnologia (*Technology*), Engenharia (*Engineering*), Artes (*Arts*) e Matemática (*Mathematics*). É uma abordagem educacional que integra as áreas de conhecimento de forma interdisciplinar, dentro de um contexto social, promovendo competências para o século XXI. Uma Educação contextualizada favorece o desenvolvimento de letramentos, pois esses são aplicados em práticas sociais. Nesse sentido, o objetivo deste artigo é mapear os letramentos desenvolvidos com a utilização da abordagem STEAM. Para isso, realizou-se uma revisão de literatura das pesquisas, em Português, Inglês e Espanhol, no período de 2018 a 2022. Quanto aos procedimentos metodológicos, utilizou-se uma revisão sistemática, a partir da busca nas seguintes plataformas: Portal de Periódicos da Coordenação de Aperfeiçoamento de Pessoal de Nível Superior (CAPES) e *Scientific Electronic Library Online* (SciELO). Em relação à abordagem do problema, utilizou-se a análise qualitativa. Quanto aos objetivos, realizou-se a pesquisa exploratória e descritiva, a partir da leitura dos artigos científicos. Em seguida, iniciou-se uma análise aprofundada dos 11 trabalhos selecionados. No geral, os resultados apontam que a abordagem STEAM mostrou-se eficaz para desenvolver diversos tipos de letramento nas áreas da Matemática, Ciência e Tecnologia, como o científico, digital, estatístico e matemático, entre outros.

Palavras-chave: *STEAM, STEM, Letramento, Revisão Sistemática*

Introdução

As discussões sobre a importância de uma Educação integrada e adequada às demandas do século XXI têm se ampliado nos últimos anos. A intensidade de tais discussões se dá devido às transformações sociais, tecnológicas e culturais no mundo. Esse cenário revela que a escola deve estar alinhada às novas necessidades, promovendo uma conexão entre diversas áreas de conhecimento como Ciências, Tecnologia, Artes e Humanidades, além de habilidades como o pensamento crítico, a criatividade e a resolução de problemas (MORAN, 2017).

Nesse contexto surge como uma tendência global a Educação STEAM, uma abordagem educacional que integra as áreas formadas a partir do seu acrônimo em Inglês: *Science, Technology, Engineering, Arts* e *Mathematics* (Ciências, Tecnologia, Engenharia, Artes e Matemática). Essa abordagem propõe o desenvolvimento de habilidades necessárias para que alunos possam se destacar no mundo competitivo e até mesmo no mercado de trabalho (BACICH; HOLANDA, 2020).

De acordo com Soares (2009), o letramento utiliza habilidades e competências presentes em diversos contextos do cotidiano, no qual o indivíduo possa ler e compreender de forma eficiente aplicando o conhecimento no contexto social. A visão da autora está alinhada à concepção do Letramento STEM[1] proposto pelo Comitê de Educação Integrada formado por instituições americanas renomadas (Academia Nacional de Ciências, Academia Nacional de Engenharia, Instituto de Medicina, Conselho Nacional de Pesquisa), o comitê enfatiza que os Letramentos STEM/STEAM são necessários para que uma pessoa possa entender, analisar, aplicar e comunicar conceitos científicos, tecnológicos, matemáticos e de engenharia, de forma efetiva e significativa em diferentes contextos da sociedade contemporânea, explorando assim não apenas conceitos, mas uma aplicação do conhecimento (HONEY; PEARSON; SCHWEINGRUBER, 2014).

No intuito de aprofundarmos dessa compreensão acerca de novos modelos educacionais, surgiu o interesse em realizar o mapeamento dos estudos acadê-

---

[1] Sigla utilizada para denominar a integração das áreas de conhecimento: Ciência, Tecnologia, Engenharia e Matemática, sem o componente da Arte.

micos que versam sobre o desenvolvimento dos diversos tipos de letramentos dentro da proposta STEAM. Esse mapeamento configurou um caminho necessário para evidenciar o Estado da Arte, termo utilizado na pesquisa científica para determinar o nível atual de conhecimento em uma determinada área de estudo.

Segundo Romanowski (2006, p. 39), o Estado da Arte pode "[...] significar uma contribuição importante na constituição do campo teórico de uma área de conhecimento, pois procuram identificar os aportes significativos da construção da teoria e prática pedagógica". Desse modo verifica-se a importância do Estado da Arte para o aprofundamento do objeto de estudo, identificando lacunas e experiências inovadoras.

A utilização da abordagem STEAM na Educação está relacionada à necessidade de desenvolver habilidades e competências fundamentais para a participação ativa na sociedade contemporânea, em que a Ciência, a Tecnologia, a Engenharia e a Matemática desempenham um papel cada vez mais relevante no desenvolvimento econômico e social. Ao integrar essas áreas, o STEAM visa também desenvolver o protagonismo, o pensamento crítico e a criatividade, dentre outras competências importantes para uma gama de carreiras profissionais.

Além disso, a abordagem STEAM tem o potencial de proporcionar um aprendizado mais relevante e significativo para os estudantes, tornando-os mais engajados e motivados para aprender. De acordo com Honey, Pearson e Schweingruber (2014), os letramentos desenvolvidos pelo STEAM são significativos para a preparação dos indivíduos no ingresso ao mercado de trabalho e para a participação ativa na sociedade do século XXI. Portanto, a abordagem STEAM pode ser vista como uma forma de desenvolver letramentos essenciais que podem corroborar para o sucesso acadêmico e profissional dos estudantes no mundo moderno.

Essa pesquisa está delimitada pela questão norteadora: quais os letramentos podem ser desenvolvidos utilizando a abordagem STEAM no âmbito Educacional? Diante do problema exposto, o presente artigo tem como objetivo mapear os letramentos desenvolvidos com a utilização da abordagem STEAM.

Para o alcance desse objetivo de pesquisa, estruturou-se este artigo da seguinte maneira: os elementos introdutórios, já apresentados, em seguida, trata-se do referencial teórico contextualizando a Educação STEAM e os letramentos; na sequência abordou-se a metodologia de pesquisa, destacando os procedimentos de coleta de informações, logo após, têm-se os resultados e discussões da investigação e por fim, as considerações finais.

A Educação STEAM e o desenvolvimento dos letramentos

De acordo com Breiner (2012), a reforma educacional que começou nos Estados Unidos, cujo objetivo era melhorar o domínio dos alunos em Ciência e Matemática de maneira mais equitativa no mundo tecnológico e globalizado, fez com que vários programas do sistema americano adotassem o STEM, um acrônimo ainda sem o componente da Artes. Essa abordagem educacional confronta o sistema tradicional baseando-se em investigação, experimentação e projeto.

Posteriormente, refletiu-se sobre o fato de o STEM não envolver as Ciências Humanas. Desse modo, a professora da *Rhode Island School of Design* (RISD), Georgett Yakman, em 2008, acrescentou a letra A ao STEM, adicionando Artes e Design. O acrônimo passou a ser STEAM, para que dessa forma possa explorar não somente as artes manuais, mas outras competências, como a criatividade (YAKMAN, 2008).

Assim, Yakman (2008, p.18) define o STEAM como "Ciência e Tecnologia, interpretadas através da Engenharia e das Artes, todas baseadas na linguagem da Matemática". A autora defende que o STEAM promove uma Educação integrativa e holística, ou seja, é o conhecimento que o aluno aprende e utiliza ao longo da vida. Desse modo, Yakman também aborda sobre o Letramento Funcional, enfatizando sobre a necessidade de os discentes desenvolverem a proficiência nos assuntos para que eles se tornem letrados e possam utilizar os conceitos básicos para adaptação ao meio em que vivem.

Honey, Pearson e Schweingruber (2014) abordam o Letramento STEM/STEAM, identificado como um Letramento Científico e Tecnológico (aplicado também nas áreas e subáreas do acrônimo) utilizado para que cidadãos possam ter uma vida produtiva na sociedade. A partir desses letramentos os indivíduos podem se tornar um consumidor inteligente, além de auxiliar na tomada de decisão, tornando essa democrática e com um maior entendimento de mundo.

Para a compreensão do termo letramento, utilizou-se a definição de Soares (2009, p. 39), que afirma ser o "resultado da ação de ensinar e aprender as práticas sociais de leitura e escrita. O estado ou condição que adquire um grupo social ou um indivíduo como consequência de ter-se apropriado da escrita e de suas práticas sociais." A autora ressalta que apropriar-se da leitura e escrita vai além da decodificação de códigos, processo pelo qual se aprende a ler e escrever, Soares (2009) afirma que é ter propriedade da língua escrita e conhece-la ao contexto sócio e cultural.

Nessa perspectiva, o desenvolvimento dos letramentos aliados à abordagem STEAM pode preparar os indivíduos para participação ativa na sociedade do século XXI, visto que essa abordagem desenvolve habilidades como protagonismo, colaboração, criatividade, pensamento crítico e resolução de problemas.

O STEAM por intermédio da integração de disciplinas científicas com as Artes, de modo geral e interdisciplinar, possibilita o desenvolvimento de habilidades do campo socioemocional, pois além de explorar conceitos científicos, o componente da Arte agrega o trabalho de equipe, a experimentação de processos criativos e da colaboração (VICENTE, 2017). Quando um aluno trabalha todas essas habilidades, incluindo a resolução de um problema no seu contexto social utilizando as práticas de letramento, ele está trabalhando, dentre outras, a empatia que é uma competência socioemocional.

Procedimentos Metodológicos

Este estudo trata de uma revisão da literatura. Segundo Ribeiro e Oliveira (2018), essa é uma metodologia que permite ao pesquisador identificar os principais estudos realizados sobre um determinado tema, bem como avaliar as lacunas e desafios que ainda precisam ser abordados.

Como fonte de dados, utilizou-se a literatura produzida sobre o STEAM com foco em estudos que abordam o desenvolvimento de letramentos, a partir da busca nas bases de dados: Portal da Coordenação de Aperfeiçoamento de Pessoal de Nível Superior (CAPES)[2] e *Scientific Electronic Library Online* (SciELO)[3]. Para a seleção dos trabalhos, foram usadas as seguintes palavras-chave: STEAM and letramento e STEAM and literacy; juntamente com o operador booleano and.

A investigação teve um caráter qualitativo, que segundo Bogdan e Biklen (1991), caracteriza-se pela busca e compreensão de fenômenos, explorando significados e perspectivas. Desse modo, permitindo obter informações detalhadas através de análises de documentos e narrativas.

Ademais, esta pesquisa tem caráter descritivo e interpretativo, pois busca compreender e explicar as relações existentes entre os fenômenos estudados, por meio da descrição e interpretação de dados (GIL, 2019).

O levantamento das produções científicas considerou o interstício compreendido entre 2018 e 2022; e com idiomas em Português, Inglês e Espanhol. Os filtros utilizados foram o período, os idiomas, o tipo de recurso e artigo revisado por pares, dando um total de 76 achados nas bases de dados selecionadas, conforme observa-se no quadro 1.

Quadro 1 – Quantitativo de artigos (2018-2022)

Descritor / Base de Dados	CAPES	SCIELO
STEAM and Letramento	1	0
STEAM and Literacy	75	0
TOTAL	**76**	

Fonte: Elaborado pelas autoras (2023).

Verificou-se que destes 76 trabalhos, 2 estão duplicados. Embora se tenha aplicado o filtro de idiomas, os resultados obtidos no portal da CAPES apresentaram 3 artigos em outros idiomas, como: Japonês e Coreano. Dessa forma, esses foram descartados.

---

[2] Disponível em: https://www-periodicos-capes-gov-br.ezl.periodicos.capes.gov.br/index.php?
[3] Disponível em: https://www.scielo.br.

Em seguida, realizou-se a leitura dos títulos, resumos e palavras-chave, visando obter uma análise inicial do tema proposto nesses estudos. Feito essa análise exploratória, foram selecionados os estudos que abordassem a temática de interesse para esta revisão. Assim, nesse momento, foram excluídos artigos que não estavam de acordo com os descritores, problema e objetivo da pesquisa, assim como artigos de difícil acesso.

Após a exclusão dos artigos que não estavam relacionados com a temática, restaram 11 artigos selecionados para este estudo. A partir dessa seleção, iniciou-se a análise mais aprofundada desses artigos. É válido ressaltar que os estudos mapeados nesta pesquisa não esgotam todas as investigações acerca dessa temática, e que há ainda muito a ser explorado. Na próxima seção, serão apresentados os resultados e discutidos os achados.

Resultado dos letramentos encontrados

Os artigos selecionados que apresentam o enfoque no desenvolvimento de algum tipo de letramento utilizando a abordagem STEAM estão dispostos no quadro 2, em ordem alfabética, com autores e ano de publicação.

Quadro 2 — Artigos selecionados para revisão da literatura

ID	ARTIGO	AUTORES	ANO
1	A validity and reliability study of the formative model for the indicators of STEAM education creations	Ting-Chia Hsu, Yu-Shan Chang, Mu-Sheng Chen, Fan Tsai e Cheng-Yen Yu	2022
2	Computational thinking development through physical computing activities in STEAM education	Anita Juškevičienė, Gabrielė Stupurienė e Tatjana Jevsikova	2020
3	Development of STEAM Media to Improve Critical Thinking Skills and Science Literacy: A Research and	Anik Twiningsi e Evi Elisanti	2021

	Development Study in SD Negeri Laweyan Surakarta, Indonesia.		
4	Digital literacy for children based on STEAM in 26onhec education	I Purnamasari, I Khasanah e Wahyuni	2020
5	Elementary school teacher's perspectives towards developing mathematics literacy through a STEAM-based approach to learning	Y E Y Siregar, Y Rahmawati e Suyono	2019
6	História da ciência, educação STEAM e literacia científica: possíveis intersecções	Cleidson Venturine e Isabel Malaquias	2022
7	Sentido estadístico en la formación de las y los estudiantes del grado de Educación Infantil. Una aproximación desde un contexto de aprendizaje STEAM	Ainhoa Berciano, Jon Anasagasti e Teresa Zamalloa	2021
8	STEAM Approach to Improve Environmental Education Innovation and Literacy in Waste Management: Bibliometric Research	Syahmani, Ellyna Hafizah, Sauqina, Mazlini bin Adnan e Mohd Hairy Ibrahim	2021
9	Students' chemical literacy development through STEAM integrated with 26onhece stories on acid and base topics	Y Rahmawati, A Ridwan, A Mardiah e Afrizal	2020
10	Teaching Madura local Content Literacy On preservice 26onhece teacher using Lwis Model	Mochammad Yasir, Ana Yuniasti Retno ulandari	2020
11	The Quality of Training Staff for the Digital Economy of Russia within the Framework of STEAM Education: Problems and Solutions in the Context of Distance Learning	Tatyana Anisimova, Fairuza Sabirova, Olga Shatunova, Tatyana Bochkareva e Vladimir Vasilev	2022

Fonte: Elaborado pelas autoras (2023).

A análise inicial dos artigos do quadro 2 evidencia um maior quantitativo de pesquisas escritas em Inglês, como pode ser visto no gráfico 1. Ressalta-se que a porcentagem (9,1%) verificada no gráfico corresponde a 1 artigo com idioma em Português. Aponta-se, desse modo, uma carência de artigos em Português referente à temática analisada, e consequentemente, há uma lacuna de pesquisas na literatura nacional.

Gráfico 1 – Quantitativo dos artigos classificados quanto ao idioma

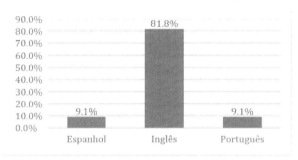

Fonte: elaborado pelas autoras (2023).

Quanto ao letramento identificado nos artigos, é visto que o STEAM aborda uma grande variedade de letramentos envolvendo diversos temas vinculados às áreas de conhecimento dessa abordagem educacional. Verifica-se que além das áreas (Ciências, Tecnologia, Engenharia, Artes e Matemática) tem-se também o desenvolvimento dos letramentos nas subáreas relacionados aos STEAM, como é verificado no quadro 3. Um exemplo é o Pensamento Computacional que pode ser desenvolvido nos Letramentos Matemático e Digital.

Quadro 3 – Letramentos encontrados nos artigos que utilizam o STEAM

LETRAMENTOS	QUANTIDADE
Chemical Literacy/ Letramento Químico	1
Computational thinking literacy /Letramento para o pensamento computacional	1
Digital Literacy /Letrametno Digital	2
Environmental Literacy /Letramento Ambiental	1
Literacy-oriented Learning /Aprendizagem orientada para o Letramento	1

Mathematics Literacy /Letramento Matemático	1
Scientific Literacy /Letramento Científico	3
Statistical literacy /Letramento Estatístico	1
TOTAL	**11**

Fonte: elaborado pelas autoras (2023)

A busca nos periódicos do Portal da CAPES e SciELO, evidenciou uma lacuna nas bases de dados nacionais e literatura brasileira referente à produção científica sobre a temática do STEAM. Desse modo, aponta-se que a área ainda precisa ser mais explorada, assim como conexões do STEAM com assuntos pertinentes à Educação, necessitam de mais investigação. Esse fato não acontece na literatura internacional.

As habilidades selecionadas de acordo com cada letramento estão orientadas pelos autores e artigos escolhidos para a revisão da literatura. Importante ressaltar que todos os artigos utilizaram a abordagem STEAM que se mostrou eficaz para desenvolver habilidades e competências direcionadas para as áreas de conhecimento dessa abordagem educacional. Na próxima seção tem-se a discussão sobre cada letramento encontrado nas pesquisas selecionadas para esse estudo.

Discussão sobre as Habilidades e Competências dos letramentos e a abordagem STEAM

O Letramento Científico (*Scientific Literacy*), segundo Twiningsih e Elisant (2021), possui habilidades relacionadas ao pensamento crítico e ativo na resolução de problemas da vida real para que se encontrem soluções corretas baseadas na Ciência. Venturine e Malaquias (2022) corroboram com a ideia de resolução de problemas, complementando com a utilização científica de modo efetivo e contextualizado ao meio em que vive o indivíduo. Esse letramento foi verificado nos artigos 3, 6 e 10. Os autores observaram a utilização do pensamento crítico para compreensão da Ciência e como a abordagem STEAM incentiva a integração de habilidades importantes para a tomada de decisão em uma Educação contextualizada.

O Letramento Químico está relacionado ao Letramento Científico, de acordo com Rahmawati et al. (2020), sendo uma habilidade para entender e explicar a vida, no âmbito das estruturas, processos e sistemas. Os alunos letrados quimicamente são capazes de analisar e discutir fenômenos dessa natureza e entender as estruturas das matérias e a dinâmica das reações. O Letramento Químico foi mencionado no artigo 9, sendo apontado como uma habilidade interessante para estimular principalmente aqueles que vão ingressar em áreas científicas.

De acordo Syahmani et al. (2021), o Letramento Ambiental (Environmental Literacy), explorado no artigo 8, está relacionado ao desenvolvimento sustentável, à redução de resíduos e poluição, de modo que se desenvolva a consciência científica e ambiental, apoiando uma ecologia saudável e equitativa, de maneira individual ou coletiva. De acordo com os autores, esse letramento faz parte da temática do Letramento Científico, nesse foi observado as habilidades semelhantes ao Letramento Científico como a resolução de problemas, além de fomentar o trabalho interdisciplinar e a integração de conhecimentos para o bem estar da sociedade.

Para o desenvolvimento do Letramento Matemático (Mathematics Literacy), Siregar et al. (2019) enfatizam o uso de conceitos científicos e matemáticos nos problemas e procedimentos diários, além de estimular o raciocínio e o desenvolvimento da capacidade de representação e comunicação dos resultados das soluções de problemas. Esse letramento encontra-se no artigo 5, nesse estudo, os autores promoveram a interdisciplinaridade com a tecnologia e observaram a importância da contextualização para uma maior compreensão do aluno. Salienta-se, na pesquisa, que essas habilidades são importantes para preparação em carreiras das áreas STEAM, além de preparar os alunos para a interpretação de conceitos matemáticos nas atividades do cotidiano.

No Letramento Estatístico (Statistical Literacy), segundo Berciano et al. (2021), os alunos podem analisar conjunto de dados diversos, interpretar e criar representações para dados relacionados ao seu cotidiano, para que assim possam tirar conclusões sobre tópicos do dia a dia. O indivíduo letrado estatisticamente é capaz de compilar informações em gráficos, deixar grandes conjuntos de dados consistentes, realizar comparações e análises entre os dados de forma apropriada.

O Letramento Estatístico está associado ao Letramento Matemático, explorado no estudo 7, esse utilizou atividades experimentais e conceitos estatísticos vistos no cotidiano. A aproximação do conteúdo com o cotidiano do aluno demonstrou um aumento no interesse dos discentes pela temática estudada.

Para desenvolver Letramento para o Pensamento Computacional (*Computational thinking literacy*), encontrado no artigo 2, Juškeviÿienÿ et al. (2022) abordam as habilidades referentes ao desenvolvimento desse letramento, a saber: análise e representação de dados; criação de artefatos para computação; decomposição; abstração; identificação de algoritmos, entre outras.

Salienta-se que o Pensamento Computacional é uma habilidade matemática, portanto o Letramento para o Pensamento Computacional pode ser associado ao Letramento Matemático. O estudo de Juškeviÿienÿ et al. (2022) estimulou o pensamento criativo, a abstração de algoritmos e o pensamento sistémico, trazendo impacto positivo após a realização das atividades elaboradas.

Purnamasari et al. (2020) enfatizam que o Letramento Digital (Digital Literacy) envolve habilidades relacionadas ao uso de mídias, redes e dispositivos de comunicação em geral com sabedoria e eficiência. Anisimova et al. (2022) complementam sobre o Letramento Digital fornecer subsídios para o domínio do consumo digital, da utilização e da segurança digital. Esse letramento observa-se no artigo 4 e 11, neles é ressaltado a importância do uso racional da tecnologia e o melhoramento das habilidades digitais necessárias para os profissionais do futuro.

A "aprendizagem orientada para o letramento" (*Literacy-oriented Learning*) tem como objetivo capacitar os alunos com as habilidades e estratégias necessárias para se envolverem com diferentes formas de comunicação escrita e oral. De acordo com Ting Chia et al. (2022), é o cultivo do pensamento crítico e habilidades como a resolução de problemas. Nesse letramento, presente no artigo 1, o destaque vai para a promoção do pensamento criativo.

As pesquisas mostram que o STEAM é uma abordagem que fornece meios de aprendizagem eficazes para desenvolver projetos desafiadores e contextualizados, que envolvam o pensamento crítico, a tomada de decisão e a resolução de problemas. Essa última habilidade está presente em todos os estudos investigados. A tomada de decisão baseada na Ciência, intelecto e criticidade é um dos pilares dos letramentos e estimulado pelo STEAM.

Essas práticas estão intrinsecamente relacionadas ao desenvolvimento dos letramentos, pois ultrapassam o conhecimento instrucional, cultivando uma Educação que está cada vez mais presente no cotidiano do aluno. Ademais, Syahman et al. (2020), observam que meios de aprendizagem inovadores e que respeitam os valores da cultura local podem proporcionar o engajamento dos alunos, contribuindo para a aprendizagem, na qual produzirá as competências de letramento dos discentes.

Os projetos que abrangem a abordagem STEAM, alinhados às práticas de letramento, desempenham um importante papel para preparar os estudantes para as competências do século XXI. Essa é uma preocupação em comum nas pesquisas selecionadas. Para TingÿChia Hsu (2022), é importante utilizar a aprendizagem orientada para o letramento para cultivar as habilidades de solução de problemas dos alunos. Rahmawati et al. (2019) ponderam sobre como o desenvolvimento de projetos STEAM está relacionado à motivação, por trazer atividades contextualizadas e o desenvolvimento de Soft Skills (habilidades interpessoais ou comportamentais), pois desenvolvem múltiplas inteligências.

O domínio da Tecnologia é um ponto de destaque dos estudos, assim como a compreensão da Ciência e Tecnologia. De acordo com Juškevičienė et al. (2020), o STEAM aproxima e prepara o aluno para o cenário contemporâneo, visto que o aluno da era digital precisa desenvolver a autonomia e o pensamento crítico também no âmbito virtual. O STEAM propicia aos alunos uma abordagem multidisciplinar para que se tornem solucionadores de problemas de forma colaborativa, para que assim, no futuro, possam ter as competências que são valorizadas nas carreiras tecnológicas e científicas.

Para Anisimova et al. (2022), existe uma digitalização em todas as esferas da sociedade moderna. Assim, a economia, a cultura e a sociedade digitais precisam de pessoas competentes para designar as atividades do mundo contemporâneo. O STEAM estimula o uso da tecnologia, o que se faz necessário, pois a nova ordem tecnológica requer indivíduos qualificados. De acordo com os autores, a Educação STEAM busca preparar futuros especialistas no âmbito digital.

Destaca-se que apesar do STEAM desenvolver os letramentos apresentados, assim como habilidades pertinentes para o aluno do século XXI, ainda existem desafios para implementação dessa abordagem educacional, como: a necessidade de formar profissionais qualificados e a falta de recursos. Além disso, promover a integração e a conexão das áreas visando o desenvolvimento dessas habilidades requer um planejamento eficaz e bem conectado entre professores e profissionais de áreas distintas.

A seguir, apresenta-se as considerações finais.

Considerações Finais

O presente estudo promove discussões acerca da utilização do STEAM em contextos escolares por intermédio de um mapeamento dos letramentos desenvolvidos com a utilização dessa abordagem. A temática da utilização da abordagem STEAM é material de estudo, principalmente na literatura internacional, como observado no levantamento da pesquisa a partir das bases de dados consultadas, observou-se uma lacuna na literatura brasileira.

A revisão sistemática realizada buscou refletir sobre a temática do letramento como um instrumento de utilizar, no contexto social, os conhecimentos adquiridos. Procurou-se ainda identificar como a abordagem STEAM pode contribuir para o desenvolvimento desses letramentos.

No geral, os resultados apontam que o STEAM (Ciência, Tecnologia, Engenharia, Artes e Matemática) tem se mostrado uma estratégia educacional eficaz para o desenvolvimento de letramentos como o científico, matemático, digital, ambiental, entre outros. À luz da literatura, esse resultado é reforçado por Honey, Pearson e Schweingruber (2014), em comitê formado por órgãos americanos para investigar os letramentos STEAM.

Integrar essas áreas de conhecimento promove uma aprendizagem interdisciplinar e contextualizada, estimulando habilidades e competências essenciais para o mundo moderno, como o pensamento crítico, a criatividade, a resolução de problemas e a colaboração, bem como estimular a construção do letramento principalmente nas áreas de conhecimento propiciado pelo uso dessa abordagem educacional.

Visto o crescimento do mundo digital, o STEAM é uma ferramenta que fortalece o uso da tecnologia. A formação de profissionais competentes nas áreas tecnológicas é uma preocupação dessa abordagem, logo, a sua utilização gera um impacto positivo para preparação dos alunos para um cenário contemporâneo.

Entre as implicações e limitações encontradas nas aplicações práticas da pesquisa, aponta-se o desafio de escolas e professores se adequarem às abordagens educacionais que envolvem principalmente a tecnologia, visto que o seu uso demanda qualificação profissional e estruturas adequadas. Quanto ao desenvolvimento na metodologia, uma limitação foi a dificuldade de encontrar na literatura brasileira achados referentes à temática abordada.

Para pesquisas futuras, inclusive com a oportunidade de ampliar a literatura nacional, recomenda-se um aprofundamento da abordagem STEAM relativo a cada letramento de forma individual, além de pesquisas que desenvolvam mecanismos de implementação do STEAM na Educação Básica com recomendações para o desenvolvimento de letramentos específicos.

O mapeamento dos letramentos utilizando a abordagem STEAM mostrou-se importante, pois essa abordagem permite que os alunos desenvolvam uma compreensão mais profunda e significativa dos conceitos científicos, matemáticos e tecnológicos, em busca de dar sentido ao conhecimento aprendido na sala de aula.

Referências

ANISIMOVA, Tatyana et al. The Quality of Training Staff for the Digital Economy of Russia within the Framework of STEAM Education: Problems and Solutions in the Context of Distance Learning. **Education Sciences**, v. 12, n. 2, p. 87, 2022.

BACICH, Lilian; HOLANDA, Leandro. **STEAM em sala de aula: a aprendizagem baseada em projetos integrando conhecimentos na educação básica**. Penso Editora, 2020.

BERCIANO, Ainhoa et al. **Sentido estadístico en la formación de las y los estudiantes del Grado de Educación Infantil. Una aproximación desde un contexto de aprendizaje STEAM**. 2021.

BOGDAN, R.; BIKLEN, S. **Investigação qualitativa em educação: uma introdução à teoria e aos métodos**. Portugal: Porto, 1991. 336 p.

BREINER, Jonathan. Et al. **What is STEM?**: a discussion about conceptions of STEM in education and partnerships. School Science and Mathematics, v. 112, n. 1, p. 3–11, 2012.

GIL, Antônio Carlo. **Métodos e técnicas de pesquisa social**. Editora Atlas, 2019.

HONEY, Margaret; PEARSON, Greg; SCHWEINGRUBER, Heidi. S**TEM integration in K-12 education**: Status, prospects, 34onhec agenda for research. National Academies Press, 2014.

HSU, Ting-Chia et al. A validity and reliability study of the formative model for the indicators of STEAM education creations. **Education and Information Technologies**, p. 1-24, 2022.

JUŠKEVIČIENĖ, Anita; STUPURIENĖ, Gabrielė; JEVSIKOVA, Tatjana. Computational thinking development through physical computing activities in STEAM education. **Computer Applications in Engineering Education**, v. 29, n. 1, p. 175-190, 2021.

MORAN, José Manuel. **A educação que desejamos: novos desafios e como chegar lá**. Papirus Editora, 2007.

PURNAMASARI, Iin; KHASANAH, I.; WAHYUNI, S. Digital literacy for children based on steam in 34onhec education. In: **Journal of Physics: Conference Series**. IOP Publishing, 2020. P. 012032.

RAHMAWATI, Yuli et al. Students' chemical literacy development through STEAM integrated with 35onhece stories on acid and base topics. In: **Journal of Physics: Conference Series**. IOP Publishing, 2020. P. 042076.

RIBEIRO, M. A., & Oliveira, C. M. Revisão da literatura: estratégia metodológica de pesquisa científica no campo das ciências sociais e da saúde. **Revista Enfermagem Atual In Derme**, 85, 33-37, 2018.

ROMANOWSKI, Joana Paulin; ENS, Romilda Teodora. As pesquisas denominadas do tipo Estado da Arte em educação. **Revista diálogo educacional**, v. 6, n. 19, p. 37-50, 2006.

SIREGAR, Y. E. Y. et al. Elementary school teacher's perspectives towards developing mathematics literacy through a STEAM-based approach to learning. In: **Journal of Physics: Conference Series**. IOP Publishing, 2020. p. 012030.

SOARES, Magda. **Letramento: um tema em três gêneros**. 3. Ed. Belo Horizonte: Autêntica Editora, 2009. 128p.

SYAHMANI, Syahmani et al. STEAM approach to improve environmental education innovation and literacy in waste management: Bibliometric research. **Indonesian Journal on Learning and Advanced Education (IJOLAE)**, v. 3, n. 2, p. 130-141, 2021.

TWININGSIH, Anik; ELISANTI, Evi. Development of STEAM media to improve critical thinking skills and 35onhece literacy. **International Journal of Emerging Issues in Early Childhood Education**, v. 3, n. 1, p. 25-34, 2021.

VENTURINE, Cleidson; MALAQUIAS, Isabel. História da ciência, educação STEAM e literacia científica: possíveis intersecções. **História da Ciência e Ensino:** construindo interfaces, v. 25, p. 196-208, 2022.

VICENTE, F. R. **Diseño de proyectos STEAM a partir del currículum actual de Educación Primaria utilizando Aprendizaje Casado en Problemas, Aprendizaje Cooperativo, Flipped Classroom y Robótica Educativa**. Valencia: Universidad CEU

YAKMAN, G. **STEAM Education: an overview of creating a modelo f integrative education**, 2008.

YASIR, Mochammad; WULANDARI, Ana Yuniasti Retno. Teaching madura local 35onhece35 literacy on preservice 35onhece teacher using LWIS model. **Jurnal Pena Sains Vol**, v. 7, n. 2, 2020.

COMO EXPLORAR LETRAMENTO CIENTÍFICO NO ENSINO FUNDAMENTAL?

Milena Vasconcelos Gomes
Juscileide Braga de Castro

Resumo

Este estudo tem como objetivo compreender de que maneira o Letramento Científico tem sido desenvolvido e trabalhado com alunos do Ensino Fundamental. Para isso realizou-se uma Revisão Sistemática de Literatura de pesquisas brasileiras publicadas na última década, disponíveis na base de dados: Portal de Periódicos da Coordenação de Aperfeiçoamento de Pessoal de Nível Superior – CAPES; em seguida, deu-se início à etapa de seleção e extração de estudos com base em critérios de inclusão e exclusão, pré-estabelecidos. Assim, obteve-se como resultados 7 trabalhos a serem analisados. Com base na leitura e análise desses estudos, pôde-se observar que os pesquisadores têm buscado o desenvolvimento do Letramento Científico a partir de atividades que envolvem leitura e discussões de textos; reflexões sobre a presença da Ciência em situações cotidianas, realização de atividades investigativas, programação de jogos digitais e exercícios de argumentação através não só da fala, mas também da escrita e do desenho. Entretanto, aponta-se que a maioria desses estudos apresentam discussões e análises de resultados, na perspectiva do LC, de modo incipiente. Logo, não há aprofundamento das discussões referentes a esse letramento, o que requisita o desenvolvimento de pesquisas para esse fim.

Palavras-chave: *Letramento Científico, Indicadores de Letramento Científico, Revisão Sistemática de Literatura.*

Introdução

Magda Soares aborda sobre o Letramento Alfabético, defendendo a ideia de que alfabetizar é o ato de aprender a ler e a escrever, enquanto o Letramento vai além, consistindo "no resultado da ação de ensinar ou de aprender a ler e escrever: o estado ou a condição que adquire um grupo social ou um indivíduo como consequência de ter-se apropriado da escrita" (SOARES, 2009, p. 18). Portanto, uma pessoa letrada é capaz de usar a escrita e a leitura em contextos sociais.

Analogamente, considera-se que o Letramento Científico (LC) é mais amplo que a Alfabetização Científica. O primeiro se refere à capacidade do indivíduo de utilizar o conhecimento científico para situações sociais, enquanto a alfabetização é ser capaz de ler e escrever Ciências. O LC amplia a alfabetização, pois "o que se busca não é uma alfabetização em termos de propiciar somente a leitura de informações científicas e tecnológicas, mas a interpretação do seu papel social" (SANTOS, 2007, p. 487).

O Letramento Científico capacita o indivíduo para o exercício pleno da cidadania, visto que auxilia na tomada de decisões conscientes e responsáveis a partir da leitura, interpretação e análise crítica de situações cotidianas, com base em aportes teóricos. Dessa maneira, a partir dessas reflexões, o indivíduo pode buscar solucionar problemáticas e, consequentemente, melhorar uma realidade. Esse letramento corrobora para a participação ativa em sociedade (SANTOS, 2007).

Embora o LC seja essencial para o exercício pleno da cidadania, o modelo de ensino tradicional dificulta o desenvolvimento da postura crítica, ativa e participativa dos alunos. Santos (2007) enfatiza que o ensino de ciências tem se reduzido à memorização de vocábulos, sem que haja a verdadeira compreensão do significado da linguagem científica e seu uso social, isto é, o ensino fragmentado não corrobora para a promoção do Letramento Científico.

Os resultados apresentados pela avaliação do *Programme for International Student Assessment* (PISA), realizada pela *Organization for Economic Co-Operation and Development* (OECD), evidenciam que a população brasileira se encontra abaixo dos níveis adequados de Letramento Científico. A avaliação analisa a proficiência de estudantes com 15 anos em Leitura, Matemática e Ciências (OECD, 2019).

Segundo os resultados do PISA, realizado em 2018, 45% dos estudantes atingiram pelo menos o segundo nível de proficiência no domínio de Ciências, sendo capazes de realizar a identificação de explicações sobre fenômenos científicos, assim como utilizar esses conhecimentos para verificar a veracidade de informações, em casos simples, com base em dados. Apenas 1% dos estudantes conseguiram aplicar conhecimentos científicos de forma criativa e autônoma (OECD, 2019).

Diante do exposto e da necessidade de compreender como o LC está sendo explorado por pesquisadores e professores no Ensino Fundamental, apresenta-se este estudo, cujo objetivo é compreender de que maneira o Letramento Científico tem sido desenvolvido e trabalhado com alunos do Ensino Fundamental.

Cabe explicitar que a necessidade dessa compreensão surgiu durante realização de pesquisa para a dissertação, que tem como um dos objetivos, explorar o desenvolvimento do LC juntamente com o Letramento Estatístico[4], a partir de uma abordagem interdisciplinar.

Este estudo está organizado em 5 seções, incluindo a introdução, já apresentada. Em seguida, apresenta-se discussões acerca dos aspectos indicadores de Letramento Científico, com base em avaliações desse letramento, como: PISA e Indicador de Letramento Científico (ILC). Na seção 3, aponta-se o percurso metodológico para a Revisão Sistemática de Literatura, seguido dos resultados e discussões. Por fim, têm-se as considerações finais.

O que indica que uma pessoa é letrada cientificamente?

A Base Nacional Comum Curricular (BNCC), documento norteador dos currículos da Educação Básica, defende que o Letramento Científico engloba a leitura e a compreensão do mundo, assim como a busca por sua transformação, a partir de conhecimentos científicos. Diante disso, a BNCC preconiza a sua exploração como um dos compromissos da área de Ciências da Natureza (BRASIL, 2018).

---

[4] Refere-se às habilidades do indivíduo relacionadas à leitura, a compreensão e a análise crítica das informações divulgadas nos mais diversos meios. De modo que, a partir dessas análises, o indivíduo pondera sobre a veracidade dessas informações e, se necessário, seja capaz de contestá-las e argumentar sobre sua opinião. O Letramento Estatístico contribui assim para a formação de cidadãos críticos e, consequentemente, para o exercício pleno da cidadania.

Uma pessoa letrada cientificamente é capaz de realizar a leitura, a interpretação e a compreensão de textos científicos (OLIVEIRA; BUEHRING, 2018), bulas de remédios e histórico de faturas, analisando-os de maneira crítica e reflexiva (SANTOS, 2007). Ademais, é apto a refletir sobre a propagação de doenças e maneiras de preveni-las, adotando suas profilaxias; assim como participar de discussões sobre temáticas que envolvem Ciências, entre outros (SANTOS, 2007).

Um indivíduo com Letramento Científico, lê e interpreta gráficos e tabelas; assim como publicações e notícias divulgadas nos diversos meios comunicativos. Corroborando com isso, Oliveira e Buehring (2018) apontam que a compreensão de textos científicos requer do indivíduo, conhecimentos e habilidades para a leitura de elementos característicos desse tipo textual, como: gráficos, textos, tabelas, figuras, entre outros (OLIVEIRA; BUEHRING, 2018). Dessa forma, o LC é imprescindível para essa leitura.

A matriz de avaliação de Ciências do PISA de 2015 traz a definição de Letramento Científico como sendo a capacidade de participar, de modo reflexivo, de debates sobre questões que envolvem Ciências. O indivíduo com esse letramento apresenta competências de explicar fenômenos a partir de conhecimentos científicos; compreender e planejar investigações científicas; e interpretar e avaliar dados com base na Ciência, assim como avaliar a veracidade das conclusões ou comunicações realizadas com base nesses dados (BRASIL, 2015).

Para o desenvolvimento dessas competências são requisitados os conhecimentos de conteúdo, que envolve as teorias e conceitos científicos; conhecimentos procedimentais, relacionado à identificação dos diversos métodos científicos para a realização de investigações e, por fim, conhecimentos epistemológicos, que englobam o entendimento da "lógica para as práticas comuns da investigação científica, o status das reivindicações de conhecimento que são gerados e o significado dos termos fundamentais, tais como teoria, hipótese e dados" (BRASIL, 2015, p. 5).

Além das competências e dos conhecimentos, o PISA avalia outros aspectos do LC, que são: contexto e atitudes. O primeiro foi avaliado através de itens que retratavam situações relacionadas ao contexto pessoal, local e nacional; e global, a partir destas temáticas: saúde e doença, qualidade ambiental, relação entre Ciência e Tecnologia; entre outras. As atitudes são importantes, pois influenciam a construção de conhecimentos científicos, visto que as atitudes de um indivíduo em relação à Ciência interferem no seu interesse, curiosidade e desejo de adquirir esses conhecimentos (BRASIL, 2015).

A Fundação Nuffield[5] indica que um indivíduo letrado cientificamente compreende o impacto da Ciência e da Tecnologia no cotidiano; com base em Ciências, é capaz de tomar decisões responsáveis, seja ela pessoal ou coletiva; realiza a leitura e compreensão das comunicações das mídias, referentes à Ciência, além de analisar criticamente essas informações, identificando sua veracidade e, por fim, é apto a participar de debates públicos sobre questões sociais que envolvem Ciências.

Nesse sentido, a avaliação elaborada pelo Instituto Abramundo, denominada como Indicador de Letramento Científico (ILC), investiga o nível do domínio das habilidades de LC de pessoas com idade entre 15 e 40 anos e com quatro anos de estudo, no mínimo (GOMES, 2015). No relatório técnico do ILC de 2014, o Instituto Abramundo aponta que o Letramento Científico avaliado é para além dos conceitos teóricos, isto é, da linguagem científica; envolve

> [...] também a capacidade de usar conceitos e procedimentos tipicamente científicos para explicar fenômenos e para resolver problemas, avaliando, ainda que de maneira superficial, em que medida a visão de mundo que um cidadão possui depende desses conhecimentos para fazer sentido (INSTITUTO ABRAMUNDO, 2014, p. 2).

Dessa forma, o indivíduo letrado cientificamente não só apresenta uma linguagem científica, mas esses conhecimentos pautam suas visões de mundo, de forma que também sejam capazes de aplicar a Ciência em questões cotidianas (GOMES, 2015). Nesta perspectiva, o LC é uma habilidade importante para o exercício da cidadania, dado que ao compreender o mundo em que vive e analisar problemas cotidianos, o indivíduo, com aportes teóricos e científicos, pode buscar a solução dessas problemáticas (BRASIL, 2018).

A seguir, apresenta-se o percurso metodológico deste estudo.

---

[5] Fundação comprometida com a promoção de oportunidades educacionais e do bem estar social, oferece oportunidades aos jovens, na perspectiva do desenvolvimento de habilidades e confiança na Ciência e na pesquisa. Disponível em: https://www.nuffieldfoundation.org/.

Percurso metodológico

Esta pesquisa se caracteriza como uma Revisão Sistemática de Literatura, visto que tem como dados trabalhos primários publicados, relacionados à temática de Letramento Científico no Ensino Fundamental. Segundo Galvão e Ricarte (2019), revisar a literatura permite evitar a repetição de trabalhos e possibilita identificar possíveis lacunas de uma temática; objetivo de estudo do pesquisador. Outrossim, a revisão proporciona um aprofundamento nos conhecimentos sobre o tema pesquisado.

Os autores ainda enfatizam que a RSL possui protocolos específicos a serem seguidos, proporcionando assim a reprodutividade. Desse modo, e com base nas etapas apresentadas por Galvão e Pereira (2014) e Galvão e Ricarte (2019), esta pesquisa seguirá as seguintes etapas: 1) delimitação da pergunta norteadora; 2) seleção da base de dados; 3) busca de dados nas bases; 4) seleção e extração dos dados e, por fim, 5) análise dos estudos selecionados.

Na primeira etapa, com base no objetivo desta pesquisa, delimitou-se a seguinte pergunta norteadora: de que maneira o LC tem sido desenvolvido e trabalhado com alunos do Ensino Fundamental? Destaca-se ainda, que durante a análise dos trabalhos, intentar-se-á refletir sobre as metodologias utilizadas pelos pesquisadores para o desenvolvimento do LC.

Definiu-se, na segunda etapa, a base de dados Portal de Periódicos da CAPES, para realizar-se as buscas. Assim, iniciou-se a etapa seguinte, em que se efetuou a busca por estudos a partir das palavras-chave: "Letramento Científico" E "Ensino Fundamental", entre aspas. A busca foi realizada em abril de 2023.

A etapa de seleção e extração dos dados, obedeceu a alguns critérios de inclusão e exclusão, sendo os primeiros: estudos publicados entre o período 2013 e 2022; estudos em língua portuguesa; e estudos empíricos, aplicados com alunos do Ensino Fundamental, visando a exploração do Letramento Científico. Os critérios de exclusão estabelecidos são: estudos duplicados, em línguas estrangeiras, trabalhos teóricos, estudos secundários, e trabalhos que não foram aplicados com alunos do Ensino Fundamental.

A seguir, apresenta-se como se deu a seleção e extração dos dados, assim como aponta-se as discussões sobre os resultados.

Resultados e discussões

Como resultados, após a busca inicial, foram encontrados 33 trabalhos. Em seguida, aplicou-se o filtro de período e trabalhos do tipo 'artigo'; resultando em 30 estudos a serem analisados quanto ao título, resumo e palavra-chave. Desse total, foram excluídos 23 trabalhos, sendo as seguintes justificativas para essas exclusões (figura 1): 8 estudos eram teóricos, havia ainda 2 resultados que se tratava de editoriais de revistas, 6 estudos estavam indisponíveis ou apresentaram erros no link; e por fim, 7 estudos são empíricos, porém, aplicados com público-alvo não incluso nesta pesquisa, como: alunos da formação inicial, professores, entre outros.

Figura 1 – Seleção e extração dos dados.

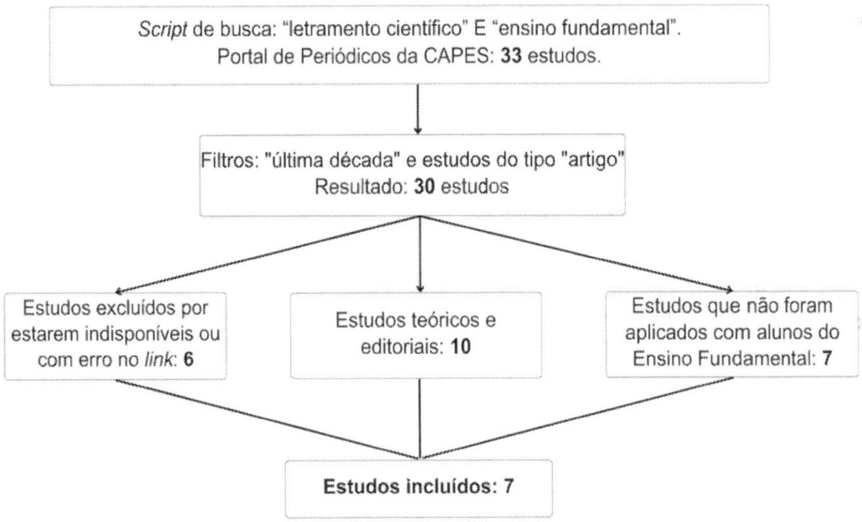

Fonte: autoras (2023)

Logo, apenas 7 estudos foram incluídos e analisados para esta pesquisa. O quadro 1 apresenta a catalogação desses estudos, destacando-se o título, autores, ano de publicação e o público-alvo em que foram aplicados.

Quadro 1 – Catalogação dos estudos da RSL

ID	TÍTULO	AUTOR	ANO	PÚBLICO-ALVO
01	AÇÃO SOCIAL RESPONSÁVEL: PRÁTICAS DE LETRAMENTO CIENTÍFICO E MATEMÁTICO NOS ANOS INICIAIS DO ENSINO FUNDAMENTAL	MESQUITA	2019	5º ANO
02	O ENSINO DE CIÊNCIAS NOS ANOS INICIAIS COM O APORTE DA LITERATURA INFANTIL DE MONTEIRO LOBATO	LANA; SILVA	2019	3º ANO
03	CONSUMO DOMÉSTICO DE ENERGIA ELÉTRICA POR MEIO DA ABORDAGEM CIÊNCIA, TECNOLOGIA E SOCIEDADE	CARVALHO; ALMEIDA	2019	9º ANO
04	APRENDIZAGEM CRIATIVA NA CONSTRUÇÃO DE JOGOS DIGITAIS: UMA PROPOSTA EDUCATIVA NO ENSINO DE CIÊNCIAS PARA CRIANÇAS	SOBREIRA; VIVEIRO; D'ABREU	2018	5º ANO
05	O ENSINO DE CIÊNCIAS POR MEIO DE ATIVIDADES MUSICAIS NOS PRIMEIROS ANOS DE ESCOLARIDADE	CÂNDIDO; DECCACHE-MAIA	2017	2º ANO
06	QUESTÕES SOCIOCIENTÍFICAS NO ENSINO FUNDAMENTAL DE CIÊNCIAS: UMA EXPERIÊNCIA COM POLUIÇÃO DE ÁGUAS	SANTOS; CONRADO; NUNES-NETO	2016	5º ANO
07	DESENHANDO E ESCREVENDO PARA APRENDER CIÊNCIAS NOS ANOS INICIAIS DO ENSINO FUNDAMENTAL	CAPPELLE; MUNFORD	2015	3º ANO

Fonte: Elaborado pelas autoras (2023).

Mesquita (2019) objetivou apresentar e analisar aspectos relativos à ação social responsável a partir de práticas de Letramento Científico e Matemático. Seu estudo foi desenvolvido com crianças do 5º ano do Ensino Fundamental. O autor utilizou-se de atividades interdisciplinares para criar um ambiente favorável para práticas de ação social responsável.

Dentre as atividades desenvolvidas houve uma roda de conversa sobre a problemática "merenda escolar", em que os alunos participaram ativamente, expondo suas colocações e argumentos, mostrando-se uma tarefa fundamental para o desenvolvimento do senso crítico. Essa atividade possibilitou a reflexão sobre a importância da alimentação para a saúde e sobre a qualidade dos alimentos, inclusive, os oferecidos na merenda escolar.

Mesquita (2019) destaca, em seus resultados, a percepção crítica de uma aluna a respeito do dever de a escola oferecer alimentos em boa qualidade, visto que é um direito deles, como alunos. O posicionamento crítico diante situações cotidianas e a análise destas com base em conhecimentos científicos são pontuados como parte do LC (SANTOS, 2007).

Ademais, os alunos realizaram uma coleta de dados, relacionada à preferência alimentares dos alunos e a qualidade dos alimentos servidos na merenda escolar. Para isso, elaboraram o instrumento de coleta de dados, efetuaram a coleta, o tratamento e a representação desses em tabelas e gráficos; e, em busca de soluções para o problema analisado, redigiram uma carta apresentando seus resultados e pedindo a melhoria da qualidade da merenda escolar ao órgão responsável (MESQUITA, 2019).

A vivência de atividades investigativas, a percepção do fazer científico e a busca pela transformação de uma realidade, com base na análise crítica de dados que proporcione benefícios pessoais e coletivo, isto é, a busca do bem comum, são previstas pela BNCC a serem desenvolvidas de modo que possibilitem "aos alunos revisitar de forma reflexiva seus conhecimentos e sua compreensão acerca do mundo em que vivem" (BRASIL, 2018, p. 322).

A prática interdisciplinar apresentada por Mesquita (2019) contribuiu para o exercício da cidadania daquelas crianças, à medida que houve a tomada de decisão consciente e responsável, tendo seus conhecimentos como base. Dessa maneira, a prática requisitou o uso da Ciência para compreensão e modificação o mundo em que se vive (BRASIL, 2018), assim foi explorado o Letramento Científico, caracterizado pelo uso social do saber científico (SANTOS, 2007).

O estudo de Lana e Silva (2019) apresenta uma descrição e análise de uma atividade que utilizou a literatura infantil no processo de ensino e de aprendizagem de Ciências. A pesquisa foi desenvolvida com crianças do 3º ano do Ensino Fundamental e envolveu encontros destinados à leitura e reflexão de histórias da literatura infantil, que tinham conceitos de Ciências em seu cenário, de modo que possibilitou a percepção da aplicabilidade cotidiana das Ciências.

Os textos escolhidos para a criação deste ambiente de reflexão e discussão sobre conhecimentos científicos, se trata de obras de Monteiro Lobato. A escolha dos textos se deu por "trazer, em sua temática, relação com os conteúdos de ciências que já haviam sido abordados" (LANA; SILVA, 2019, p. 191).

As atividades propiciaram às crianças a investigação e a identificação da presença de Ciências em atividades cotidianas e nos textos lidos, assim como momentos de discussão e argumentação entre as crianças sobre suas percepções. Os estudantes expressaram suas opiniões a partir de diferentes representações (texto e desenho).

Os autores enfatizam que a prática possibilitou "a compreensão de mundo utilizando a abstração seguida da externalização do pensamento que é compartilhado com a turma" (LANA; SILVA, 2019, p. 198). A compreensão do mundo é uma capacidade do indivíduo, apontada, pela BNCC, como característica do Letramento Científico (BRASIL, 2018).

Carvalho e Almeida (2019) investigaram, por meio de problematizações do consumo de energia elétrica doméstico, a postura crítica dos estudantes do 9º ano do Ensino Fundamental, com base na abordagem Ciência, Tecnologia e Sociedade (CTS).

O desenvolvimento da pesquisa ocorreu a partir de um tema: Eletricidade. As atividades permitiram reflexões sobre energia elétrica, seu consumo, principais problemas elencados pelos alunos, a saber: contas de energia elevada, uso clandestino e/ou exagerado, quedas constantes, entre outros; assim como sua relevância, e aplicabilidade no cotidiano (CARVALHO; ALMEIDA, 2019).

Os autores propuseram, aos alunos, a realização de pesquisas científicas sobre o conceito de energia e discussões sobre o uso de energia dos próprios alunos, entre outros. Segundo Carvalho e Almeida (2019), a partir dos conhecimentos científicos adquiridos e da compreensão dos prejuízos do uso clandestino e/ou exagerado, houve a mudança de postura e comportamento por parte de alguns alunos, que passaram a economizar energia e fazer o uso consciente e responsável.

Dessa maneira, destaca-se o desenvolvimento do LC desses alunos, à medida que utilizam da Ciência para o bem em comum e aplicam seus conhecimentos em situações cotidianas e sociais; isto é, o uso social das ciências, apontado por Santos (2007) como LC.

Sobreira, Viveiro e D'Abreu (2018) relatam sobre uma experiência de criação de jogos digitais por alunos do 5º ano do Ensino Fundamental. A temática que compôs o cenário para essa prática foi Energia. Os estudantes foram responsáveis pela elaboração do cenário, dos personagens e das narrativas dos jogos que iriam criar, em grupos, assim como refletiram sobre o tipo de energia que seria explorada em seus jogos, a interação com o usuário, feedback, entre outros.

A prática realizada propiciou momentos de socialização e discussões, além de possibilitar a exploração e a aquisição de conhecimentos científicos sobre fontes de energia, seu consumo e suas aplicações no cotidiano. Os autores destacam que as crianças criaram jogos totalmente digitais, assim como programaram placas para serem colocadas nas maquetes físicas, de modo que houvesse interação entre o físico e o digital.

Dessa maneira, a atividade desenvolvida não só corroborou para compreensão do conteúdo de Energia, seus tipos e consumo responsável; mas, sobretudo, propiciou aos alunos o desenvolvimento de habilidades digitais, enquanto esses passaram de consumidores das tecnologias para produtores, a partir da criação de jogos digitais. O uso e a criação responsável de tecnologias digitais compõem uma competência geral definida pela BNCC, que deve ser explorada ao longo de toda a Educação Básica, de modo que contribua para o exercício do protagonismo, produção de conhecimentos e resolução de problemas de maneira reflexiva, ética e responsável (BRASIL, 2018).

Aponta-se que na prática realizada houve a promoção do LC, uma vez que além de refletir sobre o conhecimento científico, os estudantes elaboraram jogos que levassem esse conhecimento a outras pessoas através da interação, podendo assim contribuir para a conscientização do uso responsável de energia.

Cândido e Deccache-Maia (2017) utilizaram a arte musical visando o aprendizado de conhecimentos de acústica de forma divertida e prazerosa para os alunos, articulando a Ciência à própria vida. Seu trabalho foi realizado com crianças do 2º ano do Ensino Fundamental, neste ano de escolaridade o estudo dos sentidos, sons e audição é previsto no componente curricular (CÂNDIDO; DECCACHE-MAIA, 2017).

Os autores apontam que o trabalho desenvolvido promove o LC, entretanto, não realizam análises suficientes e aprofundadas da exploração desse letramento durante a apresentação da metodologia adotada e, tampouco, na discussão de seus resultados. Dentre os resultados, destacam que foi possível explorar conceitos de intensidade, frequência, duração e timbre através das atividades realizadas, como: passeio pela escola, em que os alunos se atentaram para os sons; exercícios de silêncio e escuta da respiração, batimentos cardíacos, entre outros; e, por fim, realização da análise de diferentes sons produzidos com seus próprios calçados.

Os autores destacam que os alunos refletiram sobre os sons do corpo e da natureza, realizaram associações, produziram sons com seus calçados, classificou os sons quanto à intensidade, timbre, entre outros. Destarte, esse estudo possibilitou que as crianças aprendessem conceitos e os relacionassem com a vida (CÂNDIDO; DECCACHE-MAIA, 2017).

Não obstante, destaca-se que não houve problematização e orientação para o uso social da Ciência, nem a busca por transformação do meio. Aponta-se que o estudo pode contribuir para a compreensão desses conceitos no mundo, mas não apresenta aprofundamento de Letramento Científico, esse, sendo apresentado bem incipiente.

Santos, Conrado, Nunes-Neto (2016) objetivaram realizar uma análise da mobilização de conteúdos conceituais, procedimentais e atitudinais, a partir de uma questão específica sobre o tema poluição das águas. Para isso, aplicaram uma sequência didática com alunos do 5º ano do Ensino Fundamental.

A sequência se desenvolveu em 7 encontros, e possuía atividades voltadas para temáticas sobre poluição, poluição hídrica, reflexões sobre meio ambiente e humano, consumo da água, valores da natureza, entre outras; as temáticas foram discutidas tendo como contexto um parque ao redor da escola.

Nos encontros, os alunos responderam questionários que visavam mapear seus conhecimentos prévios sobre o tema; produziram e apresentaram cartazes sobre problemas socioambientais; realizaram discussões sobre a temática e desenvolveram uma coleta de dados com a sociedade, elaboraram o instrumento de coleta, efetuaram a coleta, a comunicação e a discussão dos resultados; além de refletirem sobre possíveis soluções para a problemática. A vivência do processo investigativo corrobora para o desenvolvimento do LC, ao possibilitar a compreensão de métodos e procedimentos científicos envolvidos no planejamento e realização de uma investigação (BRASIL, 2015).

As atividades possibilitaram aos alunos a reflexão crítica sobre a situação do parque e possíveis consequências dessa poluição para a sociedade, assim como analisaram e pesquisaram sobre resíduos que contaminam as águas do parque, considerando os prejuízos para o bioma local; refletiram sobre "atitudes necessários para resolver ou amenizar tais problemas" (SANTOS, CONRADO, NUNES-NETO, 2016, p. 1064), entre outros. Aponta-se assim, que essas atividades possibilitaram o uso em contextos sociais da Ciência; corroborando desse modo para a exploração do Letramento Científico (SANTOS, 2007).

Capelle e Munford (2015) investigaram os desenhos produzidos por crianças do 3º ano do Ensino Fundamental, durante uma sequência didática sobre adaptação, enfocando o cuidado parental. De modo similar a Cândido e Deccache-Maia (2018), as discussões dos resultados de Capelle e Munford (2015) não ocorrem na perspectiva da exploração do Letramento Científico, esse, sendo analisado assim, ainda de maneira incipiente. Isto pode ter ocorrido devido os pesquisadores terem trabalhado com crianças dos anos iniciais do Ensino Fundamental, sendo algumas ainda do ciclo de alfabetização.

As atividades de Capelle e Munford (2015) instigaram a argumentação e discussão por parte dos alunos, com o intuito de defender seus pontos de vista quanto à explicação do que se trata a bola que o besouro rola-bosta[6] transporta. Cabe explicitar que, inicialmente, as crianças assistiram a vídeos sobre cuidado parental; e um desses vídeos retratava um besouro rolando essa bola. A partir disso, os alunos refletiram do que se tratava e representaram em desenhos e textos suas respostas. Sobre isto, os autores afirmam que as atividades permitiram que "estudantes pudessem se engajar em práticas argumentativas, formulassem propostas de explicação e avaliação dessas evidências" (CAPELLE; MUNFORD, 2015, p. 132).

Dessa forma, a proposta além de incitar o conhecimento de Ciências, proporcionou a reflexão e argumentação dos alunos, em defesa de suas respostas. Além disso, de modo similar ao trabalho de Lana e Silva (2019), nesse, as crianças também expressaram suas comunicações a partir de diversas representações (desenho e texto). O indivíduo com Letramento Científico possui habilidade de participar de discussões e debates sobre temáticas que requerem conhecimento de Ciências (SANTOS, 2007).

Analisa-se ainda os pressupostos teóricos que embasaram esses estudos selecionados. Aponta-se que, em sua maioria, os autores não trouxeram embasamento teórico sobre Letramento Científico, o que, consequentemente, pode não ter colaborado para a discussão e análise dos resultados de seus estudos. Alguns destes estudos (LANA; SILVA, 2019; SANTOS; CONRADO; NUNES-NETO, 2016; CÂNDIDO, DECCACHE-MAIA, 2017) não trouxe nem a definição de Letramento Científico, então, como iriam analisar, com aprofundamento, o desenvolvimento de habilidades referentes a esse letramento?

---

[6] Conhecido como besouro-do-esterco, escaravelho.

Enfatiza-se que embora o estudo de Sobreira, Viveiro e D'Abreu (2018) contribua para a promoção do LC dos alunos, os autores não trazem, em seu embasamento teórico, reflexões acerca do Letramento Científico, limitam-se apenas à Alfabetização Científica.

Apenas 3 dos estudos analisados (CAPELLE; MUNFORD, 2015; MESQUITA, 2019; CARVALHO; ALMEIDA, 2019) apresentam discussões, em seus referenciais teóricos, sobre o LC. Portanto, com base nas análises realizadas, percebe-se que os estudos sobre Letramento Científico ainda são primários.

A seguir, apresenta-se as considerações finais.

Considerações finais

O estudo teve como objetivo compreender de que maneira o Letramento Científico tem sido desenvolvido e trabalhado com alunos do Ensino Fundamental. Para isso, realizou-se uma Revisão Sistemática de Literatura de trabalhos primários e empíricos que exploraram o Letramento Científico com alunos do Ensino Fundamental.

A partir da revisão percebeu-se que há mais trabalhos (42,8%) voltados para o desenvolvimento do Letramento Científico com alunos do 5º ano do Ensino Fundamental do que dos demais anos escolares. Destaca-se ainda a existência de uma lacuna de estudos que analisem metodologias para a exploração do Letramento Científico de alunos do 1º, 4º, 6º, 7º e 8º ano do Ensino Fundamental.

Cabe salientar que o baixo quantitativo de trabalhos incluídos nesta Revisão Sistemática de Literatura pode estar relacionado ao script de busca, podendo ter sido ampliados, talvez, com uma busca com as palavras em inglês.

A revisão possibilitou perceber que o LC está sendo desenvolvido por meio de atividades que envolvem leitura de textos, discussões de textos e vídeos, reflexões sobre a presença da Ciência em situações cotidianas, realização de atividades investigativas, exercícios de escrita e desenho, com o intuito de proporcionar outras maneiras de expressão aos alunos; e até mesmo a criação e programação de jogos digitais.

Na promoção do Letramento Científico, nessas atividades, o papel do professor, assim como a abordagem e metodologia escolhida, é de suma importância para a criação do ambiente e promoção de momentos de reflexões sobre as temáticas, visto que o professor tem função de mediador desse momento e pode corroborar instigando e questionando os alunos sobre a temática estudada.

Ressalta-se que, em sua maioria, as pesquisas apresentaram discussões incipientes em relação à promoção do Letramento Científico de alunos do Ensino Fundamental, focando assim em outros aspectos e, por vezes, não explicitando como a metodologia abordada contribuiu ou não para o desenvolvimento desse letramento. Poucos trabalhos trouxeram reflexões sobre o LC em seus pressupostos teóricos, para dar sustentabilidade e aprofundamento para as análises e discussões de seus resultados.

Neste sentido, enfatiza-se a necessidade de estudos teóricos sobre os aspectos do Letramento Científico, assim como estudos empíricos com análises aprofundadas, na perspectiva da promoção do LC no Ensino Fundamental. Esses estudos podem corroborar com o trabalho dos professores, principalmente da área de Ciências, visto que a BNCC assume compromisso com o LC, mas, em suas habilidades não encaminha, de maneira explícita, como deve ocorrer esse processo.

Como trabalhos futuros, intenta-se ampliar esta revisão realizando a busca com palavras-chave em inglês, assim como incluir trabalhos do tipo: tese e dissertações. Pretende-se ainda, como colocado na introdução, realizar uma análise do desenvolvimento do Letramento Científico, juntamente com outros letramentos, a partir de uma abordagem interdisciplinar.

Referências

BRASIL, Ministério da Educação. **Matriz de Avaliação de Ciências do PISA 2015**. Brasília, INEP/MEC, 2015.

BRASIL, Ministério da Educação. **Base Nacional Comum Curricular**. Brasília, MEC, 2018.

CÂNDIDO, Genivaldo Gomes; DECCACHE-MAIA, Eline. O ensino de ciências por meio de atividades musicais nos primeiros anos de escolaridade. **Enseñanza de las Ciencias**, n. Extra, p. 0869-874, 2017. Disponível em: https://ddd.uab.cat/record/184536. Acesso em: 28 abr. 2023.

CAPPELLE, Vanessa; MUNFORD, Danusa. Desenhando e escrevendo para aprender ciências nos anos iniciais do ensino fundamental. **Alexandria**: Revista de Educação em Ciência e Tecnologia, v. 8, n. 2, p. 123-142, 2015. Disponível em: https://dialnet.unirioja.es/servlet/articulo?codigo=6170632. Acesso em: 28 abr. 2023.

CARVALHO, Ricardo Haroldo; ALMEIDA, Ana Cristina Pimentel Carneiro de. Consumo doméstico de energia elétrica por meio da abordagem Ciência, Tecnologia e Sociedade. **Indagatio Didactica**, v. 11, n. 2, p. 843-862, 2019. Disponível em: https://proa.ua.pt/index.php/id/article/view/6829. Acesso em: 28 abr. 2023.

GALVÃO, Maria Cristiane Barbosa; RICARTE, Ivan Luiz Marques. Revisão sistemática da literatura: conceituação, produção e publicação. **Logeion**: Filosofia da informação, v. 6, n. 1, p. 57-73, 2019. Disponível em: https://revista.ibict.br/fiinf/article/view/4835. Acesso em: 27 abr. 2023.

GALVÃO, Taís Freire; PEREIRA, Mauricio Gomes. Revisões sistemáticas da literatura: passos para sua elaboração. **Epidemiologia e serviços de saúde**, v. 23, p. 183-184, 2014. Disponível em: https://www.scielo.br/j/ress/a/yPKRNymgtzwzWR8cpDmRWQr/?lang=pt. Acesso em: 25 abr. 2023.

GOMES, Anderson S. L. **Letramento Científico**: um indicador para o Brasil. São Paulo: Instituto Abramundo, 2015.

INSTITUTO ABRAMUNDO. **Indicador de Letramento Científico**: relatório técnico da edição 2014. São Paulo: Ação Educativa, Ibope, 2014.

LANA, Márcia Márcia Priscilla Castro; SILVA, Fabio Augusto Rodrigues e. O ensino de ciências nos anos iniciais com o aporte da literatura infantil de Monteiro Lobato. **ACTIO**: Docência em Ciências, v. 4, n. 3, p. 185-203, 2019. Disponível em: https://periodicos.utfpr.edu.br/actio/article/view/10448. Acesso em: 28 abr. 2023.

MESQUITA, Adriano Santos de. Ação social responsável: práticas de letramento científico e matemático nos anos iniciais do ensino fundamental. **ACTIO**: Docência em Ciências, v. 4, n. 3, p. 309-326, 2019. Disponível em: https://periodicos.utfpr.edu.br/actio/article/view/10522. Acesso em 28 abr. 2023.

OECD. ORGANIZATION FOR ECONOMIC CO-OPERATION AND DEVELOPMENT.**Programme for international 54onhece assessment (PISA) Results from PISA 2018**. Paris: OECD, 2019.

OLIVEIRA, Daiane Quadros de; BUEHRING, Roberta Schnorr. Leitura de textos de divulgação científica para crianças: os letramentos em questão. **Olhar de Professor**, v. 21, n. 2, p. 227-240, 2018. Disponível em: https://revistas.uepg.br/index.php/olhardeprofessor/article/view/14186. Acesso em: 09 maio. 2023.

SANTOS, Wildson Luiz Pereira dos. Educação científica na perspectiva de letramento como prática social: funções, princípios e desafios. **Revista brasileira de educação**, v. 12, p. 474-492, 2007. Disponível em: https://doi.org/10.1590/S1413-24782007000300007. Acesso em: 23 abr. 2023.

SANTOS, Jéssica Cruz; CONRADO, Dália Melissa; NUNES-NETO, Nei. Questões sociocientíficas no ensino fundamental de ciências: uma experiência com poluição de águas. **Indagatio Didactica**, v. 8, n. 1, p. 1051-1067, 2016. Disponível em: https://proa.ua.pt/index.php/id/article/view/3657. Acesso em: 12 abr. 2023.

SOARES, Magda. **Letramento**: um tema em três gêneros. 3. Ed. Belo Horizonte: Autêntica Editora, 2009.

SOBREIRA, Elaine Silva Rocha; VIVEIRO, Alessandra Aparecida; D'ABREU, João Vilhete Viegas. Aprendizagem criativa na construção de jogos digitais: uma proposta educativa no ensino de ciências para crianças. **Tecné, Episteme y Didaxis**: TED, n. 44, p. 71-88, 2018. Disponível em: http://www.scielo.org.co/scielo.php?pid=S0121-38142018000200071&script=sci_arttext&tlng=pt. Acesso em: 28 abr. 2023.

A UTILIZAÇÃO DE MÉTODOS COMPUTACIONAIS COMO ESTRATÉGIA PARA O ENSINO DO CÁLCULO DE ENTALPIA PADRÃO DE FORMAÇÃO DA ÁGUA PARA FÍSICO-QUÍMICA

Murilo Rodrigues dos Santos
Caroline de Goes Sampaio

Resumo

A Química Teórica Computacional é um ramo da ciência química que aborda aspectos quânticos em seus cálculos e definições. O principal objetivo dessa subárea da Química é a resolução da equação de Schrödinger a fim de prever resultados matemáticos e estudar propriedades mecânico-quânticas referente à átomos ou moléculas de interesse investigativo. Com isso, a inserção dessa subárea no Ensino Químico se torna muito atrativo para os pesquisadores em ensino devido a sua versatilidade e aplicabilidade. Esta pesquisa se empenhou em utilizar conceitos empregados em Química Computacional, mas que sejam utilizados no Ensino de Química utilizando como pano de fundo Termoquímica, conteúdo abordado em Físico-química, componente curricular presente nos cursos de Química (licenciatura e bacharelado), Engenharias, Física. De modo a tornar a utilização da metodologia possível, foram utilizados equipamentos com pouco poder computacional e softwares gratuitos. Observou-se também, a parca literatura sobre a utilização de ferramentas computacionais que sejam utilizados de modo a reduzir os graus de abstração matemática no Ensino de Química.

Introdução

Durante as últimas décadas a educação vem sofrendo diversas modificações em decorrência da inserção de tecnologias digitais como ferramentas de facilitação do processo de ensino-aprendizagem. Estas ferramentas tecnológicas podem aparecer de diversas formas como, por exemplo, tablets, smartphones e computadores. E, no que concerne à utilização deste recurso metodológico para o ensino de Química cada vez mais pesquisas são realizadas, tendo em vista as várias possibilidades de aplicação desta ferramenta (SÁ, et al. 2020).

Embora esteja em alta, pesquisas sobre o Ensino de Química tendo o computador como ferramenta facilitadora não é algo novo. Segundo Raupp, Serrano e Martins (2008) no início da década de 1970 o químico inglês B. Duke, na Universidade de Lancaster, Inglaterra, elaborou um curso sob a temática de Química Quântica, utilizando a tecnologia e os computadores da época como suporte metodológico. A ideia veio após frustrações sofridas por alguns cientistas da computação que tentaram inserir conteúdos de química que não eram considerados relevantes no Ensino Superior da referida universidade.

O trabalho realizado por Duke baseou-se na utilização de um programa de computador para calcular propriedades de compostos aromáticos por meio da teoria de cargas de Mulliken; teoria esta que considera que o espalhamento dos elétrons de valência se dá por toda superfície da molécula. Os dados obtidos pelo pesquisador se mostraram muito promissores, mas ainda era cedo para realizar qualquer alegação sobre a utilização do computador como ferramenta didática no Ensino de Química (RAUPP; SERRANO; MARTINS, 2008).

Cerca de dez anos após os esforços de B. Duke a temática de Química Computacional ganhou os holofotes de pesquisas mais uma vez. Agora, na *University Chemical Laboratory*, em Cambridge. Assim como a pesquisa realizada na década anterior, esta visava a compreensão de estudantes de Ensino Superior em Química de conteúdos muito abstratos: Teoria do Orbital Molecular. Nas palavras dos pesquisadores Colwell e Hardy (1988): "Acreditamos que o programa é uma ajuda muito útil para o ensino de química teórica, pois propicia ao aluno um entendimento para o cálculo *ab initio* de superfícies de energia potencial (tradução nossa)".

Com a utilização do computador como ferramenta de pesquisa e ensino em Química não demorou muito para que pesquisadores desenvolvessem teorias que tornasse cada vez mais poderosa esta ferramenta. Assim, em 1998, a Academia de Ciências da Suécia, prestigiou os químicos Walter Khon e John A. People por suas contribuições no desenvolvimento da *Functional Theory of Density* e métodos computacionais em Química Quântica, respectivamente (FREITAS, 1998).

A Química Computacional tornou possível a previsão de valores de variáveis físicas pertinentes a sistemas químicos. De acordo com a União Internacional de Química Pura e Aplicada (IUPAC), a Química Computacional é definida como "aspectos de pesquisa molecular que são tornados práticos pelo uso da ferramenta computacional" (IUPAC, 2008).

Desse modo, quando consideramos o processo de evolução da tecnologia advindo do desenvolvimento de hardwares e softwares cada vez mais potentes no quesito de processamento de dados e redução nos custos de fabricação destes componentes, a Química Computacional se torna uma área de pesquisa muito promissora, seja em Química Pura ou Ensino de Química.

Existem diversos métodos de resolução de cálculos para Química Computacional que podem ser citados. Um método muito utilizado é o Hatree-Fock: este método utiliza as funções de onda, Ψ (do átomo, íon ou molécula), as interações entre cargas do tipo elétron-elétron de uma forma média aproximada. Estas informações são necessárias para calcular propriedades termodinâmicas importantes, como por exemplo: Energia livre de Gibbs, Entropia, Entalpia de formação entre outras variáveis termodinâmicas. Existe o método *ab initio* que procura realizar os cálculos de integrais numericamente uma a uma, o que leva a um tratamento mais exato das interações entre os elétrons e, por consequente, valores numéricos mais precisos. Um dos métodos mais utilizados por químicos computacionais é a teoria desenvolvida por Walter Khon, *Functional Theory of Density* (FTD); esta teoria leva em consideração a densidade de probabilidade eletrônica existente na espécie a ser analisada ao invés da função de onda (ATKINS; DE PAULA; FRIEDMAN, 2011).

Segundo Firmino et al (2020), existem vários softwares para o Ensino de Química que são disponibilizados de maneira gratuita na Internet e alguns podem ser comprados diretamente com os desenvolvedores. Entretanto, ressalta-se a importância de se utilizar estas ferramentas de maneira correta de modo a garantir a motivação da aprendizagem dos discentes de modo que eles possam vir a realizar experimentações virtuais testando conceitos, ideias e teorias.

Contudo, a maioria dos softwares existentes permite apenas a visualização do sistema (atômico ou molecular) em três dimensões, limitando o uso a alguns poucos comandos como, por exemplo, a movimentação de um sistema com várias partículas. Porém, de modo a complementar estas ferramentas, existem softwares que realizam diversos cálculos fazendo uso da teoria desenvolvida pelo físico austríaco Erwin Schrödinger. A realização destes cálculos gera resultados importantes quanto ao estudo de sistemas químicos como, por exemplo, a hibridização de orbitais atômicos, o comprimento de ligação, o momento dipolo, a carga atômica da espécie envolvida, o indicie de hidrogênios ionizáveis (pH), otimização de geometria molecular, cálculo de energias e diversos parâmetros termodinâmicos pertinentes ao sistema químico analisado (MORGON, 2001).

Com isso, o uso de simulações computacionais tende a melhorar o entendimento dos discentes quando se realizam pesquisas e estudos em campos de difícil experimentação laboratorial (cujos objetos de estudo são observáveis e mensuráveis facilmente), dando um aporte significativo maior no que concerne aos aspectos matemáticos, visuais e gráficos (SÁ; NASCIMENTO; LIMA, 2020).

Theory Functional of Density (TFD)

A teoria desenvolvida por Schrödinger indica que a função de onda de determinado sistema (atômicos ou moleculares) pode descrevê-lo, contudo para moléculas multieletrônicas os cálculos para este processo de determinação de parâmetros termodinâmicos tornam-se analiticamente impossível. Poucos são os sistemas que possuem uma resolução analítica exata, limitando-se apenas para o átomo de hidrogênio (SILVA, 2009).

A *Theory Functional of Density* (TFD) surge como uma ferramenta de cálculo a ser utilizado pela Química Quântica para a previsão de propriedades termodinâmicas de sistemas atômicos e moleculares (MORGON; CUSTÓDIO,

1994). Este método computacional de cálculo quântico possui vantagem mediante a outros métodos do tipo *ab initio* como, por exemplo, o método Hartree-Fock, pois nele ocorre uma redução do tempo computacional de cálculo gasto, bem como a utilização de memória. Este ganho de velocidade advém da técnica utilizada para resolver a equação de Schrödinger (Equação 1) utilizando a probabilidade de densidade eletrônica do sistema, descrevendo a distribuição de carga da molécula ou átomo.

$$\hat{H}\Psi = E\Psi \qquad (1)$$

A utilização de um referencial mecânico-quântico é uma formulação acessível quando se utilizam padrões químicos para a resolução da Equação 1 acima pois, é adotado um caráter mais descritivo e menos abstrato como aqueles que são trabalhados em funções de onda multieletrônicas que ocorrem em outros métodos de resolução em química quântica.

Segundo Morgon e Custódio (1994) o método do funcional da densidade pode ser definido, de maneira genérica, fazendo o uso de dois postulados desenvolvidos durante a elaboração da teoria:

1. A função de onda em um estado fundamental terá todas as outras propriedades como funcionais deste estado, ou seja, todas as propriedades serão dependentes da densidade eletrônica

2. A energia pertencente ao estado fundamental de sistemas multieletrônicos que estão sob a influência de um dado potencial externo pode ser representada como:

$$E_v[\rho(r)] = \int v(r)\rho(r)dr + F[\rho]$$

F é o potencial universal de ρ, que não depende do potencial externo.

De acordo com Silva (2009) a TFD pode ser utilizada no estudo estrutural e eletrônico de sistemas complexos (aqueles que possuem mais de um elétron); de modo a ressaltar a importância do método na compreensão e previsão de dados termodinâmicos quânticos Morgon e Custódio (1994); Aquino e Borges (2019) indicam que o, a metodologia adotada pelo método se utiliza da densidade eletrônica e a repulsão-atração de Coulomb (elétron-elétron e elétron-núcleo, respectivamente) pode ser utilizado para formular conceitos mais acessíveis em termos de química descritiva.

O programa ORCA

O computador se tornou uma ferramenta muito utilizada no ensino. O uso desta ferramenta pode aparecer como apoio para os educadores e, também, como ferramenta de apoio em diversas áreas de conhecimento de modo a reduzir tempo em processos investigativos (SILVA; FILHO; ANDRADE, 2016).

Para a Química Computacional existem uma gama de softwares disponíveis com os mais variados conjuntos de ferramentas a serem exploradas. A exemplo disso, pode-se citar o software de modelagem e visualização em três dimensões Avogadro (FIRMINO, et al. 2020), ferramenta que permite o professor/pesquisador/discente a elaboração e visualização de sistemas atômicos e moleculares, reduzindo assim a abstração que jaz atrelada ao estudo da Química Teórica.

ORCA é um programa de livre acesso, gratuito e que realiza cálculos quânticos e que pode ser utilizado juntamente com o Avogadro, pois quando são obtidos os parâmetros termodinâmicos quânticos é possível a visualização em modelo computacional no software de visualização.

Cálculo de parâmetros termodinâmicos da água

A Termodinâmica é uma área de estudo que faz parte dos cursos de Ensino Superior de Ciência e Tecnologia (Engenharias, Química, Física). Muito utilizada para o desenvolvimento da sociedade essa disciplina é necessária para a formação crítica dos cientistas. Como aponta Sá et al., (2020) a Termodinâmica contida nas disciplinas de Físico-Química nos cursos de Licenciatura em Química é tida como uma das mais difíceis pelo elevado grau de abstração abordados em termos conceituais e de cálculo. Os autores ainda apontam a importância do desenvolvimento científico em diferentes níveis da graduação em Licenciatura em Química como, por exemplo, a criação e adaptação de recursos didáticos que auxiliem os futuros professores em seu exercício pedagógico.

Dentro dos subtópicos que são estudados na disciplina de Físico-Química nos cursos de graduação o cálculo a todos os tipos de energia que estão envolvidas em sistemas termodinâmicos é imprescindível para o entendimento do formalismo matemático e teórico que contribuirão na formação dos estudantes do nível superior. Contudo, o excesso de abstração e pouca significação torna o aprendizado difícil (SÁ, et al., 2020). Mediante a essa problemática, este estudo se debruça na inserção de conceitos relacionados à Química Computacional correlacionada com Físico-Química, dentro do entendimento de Entalpia Padrão de Formação para a molécula de água utilizando os dados obtidos por meio de cálculos quânticos e comparando-os com os encontrados na literatura.

Em primeiro momento realizou a construção da molécula de água no software Avogadro (Figura 1) de modo que foi, também, realizado uma correção nos padrões energéticos e geométricos da molécula, para obtê-la em seu estado de menor energia. Em seguida, foi realizada a elaboração de um input para o programa de cálculo quântico ORCA utilizando os padrões descritos na Tabela 1 (ROSA et al., 2021).

Figura 1 – construção da molécula de água pelo software Avogadro com geometria molecular corrigida e em estado padrão de energia.

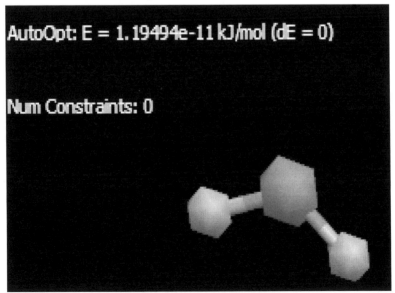

Fonte: Elaboração dos autores.

62 ENSINO DE CIÊNCIAS E MATEMÁTICA

Tabela 1 – parâmetros de cálculo adotados para o input no *software* ORCA.

ORCA input	
Especificação de Parâmetros	
Tipo de Parâmetro	Entalpia Padrão de Formação
Tipo de Método	Funcionais Híbridos
Método	M06
Estado Excitado	Não

Fonte: Elaboração dos autores.

Para obtermos os valores termodinâmicos utilizando métodos computacionais em Química Quântica é preciso considerar a expressão matemática da entalpia padrão de formação de substâncias químicas conforme a Equação 2:

$$\Delta H°_f = \sum \Delta H°_f(produtos) - \sum \Delta H°_f(reagentes) \qquad (2)$$

Para o caso em específico da água, devemos considerar a seguinte equação química devidamente balanceada representada na Equação 3:

$$\frac{1}{2}O_{2(g)} + H_{2(g)} \rightarrow H_2O_{(g)} \qquad (3)$$

Os parâmetros calculados (no que se refere energias de formação) no ORCA para obtenção dos valores referentes a todas as espécies químicas envolvidas foram as seguintes:

- Para a molécula de $O_{2\,g}$: -150.31540513 Eh[7];

- Para a molécula de $H_{2\,g}$: -1.15901632 Eh;

- Para a molécula de $H_2O_{(g)}$: -76.40670659 Eh.

Desse modo, podemos rearranjar a combinar as Equações 2 e 3, respeitando a estequiometria, de modo a conseguir descobrir o valor referente a Entalpia de Formação para a referida molécula.

$$H_2O_{(g)} - \left(\frac{1}{2}O_{2(g)} + H_{2(g)}\right) = \Delta H°_f$$

---

[7] Eh é a grandeza energética Hartree, muito utilizada em cálculos de mecânica quântica.

$$-76.40670659\ Eh - \left(-1.15901632 + [-150.31540513 \times \frac{1}{2}]\right) = \Delta H^{\circ}{}_{f}$$

$$\Delta H^{\circ}{}_{f} = -0.08998772\ Eh$$

De modo a se realizar uma comparação com os valores encontrados de maneira empírica, podemos realizar uma conversão de Hartree para kJ/mol multiplicando por um fator de conversão (2 625,5) e obtendo assim o valor de energia igual a:

$$\Delta H^{\circ}{}_{f} = -236{,}2627589\ kJ/mol$$

Este valor está bem próximo do valor que é encontrado na literatura obtido de modo empírico de $\Delta H^{\circ}{}_{f} = -241{,}82\ kJ/mol$ (ATKINS; DE PAULA, 2009).

Metodologia

Esta pesquisa buscou propor uma metodologia a ser utilizada na disciplina de Físico-Química dos cursos que possuem este componente como disciplina obrigatória curricular. De modo a contribuir com a formação teórica utilizando aspectos computacionais, buscando auxiliar no processo de ensino-aprendizagem pois, como aponta Sá et. Al. (2020) Físico-Química é considerada pelos estudantes do curso de Licenciatura em Química como uma disciplina muito difícil pelo seu aporte matemático e abstrato. A pesquisa abordou aspectos bibliográficos e virtual-experimental.

Portanto, foram utilizados softwares de uso gratuito e computador com as seguintes descrições:

- Processador: IntelVER CeleronVER CPU N3350 @ 1.10GHz 1.10 GHz;
- Memória: 4,00 GB (utilizável: 3,83 GB).

De modo a garantir que esta pesquisa seja realizada se utilizando computadores e/ou notebooks convencionais.

Resultados e discussões

Dentro do universo do Ensino Superior, no que tange as Ciências Exatas, a abstração matemática pode levar os discentes a adquirirem uma repulsa por conteúdos que utilizem um aporte de cálculo demasiado. De modo a diminuir a abstração e facilitar o processo de entendimento de alguns conceitos físico-químicos e matemáticos, a ferramenta computacional pode desempenhar um papel de grande destaque no que diz a respeito da significação do conteúdo estudado.

A utilização de parâmetros computacionais em Química Teórica não se detém apenas a áreas que possuem cálculo ou conteúdos demasiado abstratos em matemática; como destaca Morgon (1994) a Química Computacional Teórica pode abranger diversos campos de estudos químicos, contudo é necessário que haja esforços por parte de pesquisadores em Ensino de Química para realizar tal migração desta ferramenta que é, em sua maioria utilizada em pesquisas de química pura.

Referências

AQUINO, M., e M. S. BORGES, W. Uma revisão da Teoria do Funcional de Densidade (TFD): métodos e aplicação em agentes de contraste. **Revista Processos Químicos**, v. 15 n. 29. 2021. Disponível em: http://ojs.rpqsenai.org.br/index.php/rpq_n1/article/view/559.

ATKINS, P., DE PAULA, J. FRIEDMAN, R. **Quanta, Matéria e Mudança – Uma Abordagem Molecular para a Físico-Química**. Editora: LTC. v. 1. 2010

ATKINS, P. DE PAULA, J. **Físico-química**. Editora: LTC. v. 1. 2012

COLWELL, S. M., & HANDY, N. C. The microcomputer as a teaching tool for molecular orbital theory. **Journal of Chemical Education**. January 1, 1998. Disponível em: https://pubs.acs.org/doi/10.1021/ed065p21.

FREITAS, L.C. Prêmio Nobel de Química 1998. **Química Nova na Escola**, São Paulo n. 8, p. 3- 6, 1998. Disponível em: http://quimicanova.sbq.org.br/detalhe_artigo.asp?id=2075.

IUPAC. Glossary of terms used in medicinal chemistry. Iupac recommendations 1998. Disponível em: http://www.chem.qmul.ac.uk/iupac/medchem/ah.html.

MORGON, N. H., CUSTÓDIO, R. Teoria Funcional da Densidade. **Química Nova**. v. 18. N.1, 1994. Disponível em: http://static.sites.sbq.org.br/quimica-nova.sbq.org.br/pdf/Vol18No1_44_v18_n1_10.pdf

MORGON, N. H. Computação em química teórica: informações técnicas. **Química Nova**. v. 24. N. 5. 2001. Disponível em: https://www.scielo.br/j/qn/a/LhPN9fRnR5tcZ-rdjXVnfYYp/?format=pdf&lang=pt.

SÁ, E. R. A. Termodinâmica: Uma proposta de Ensino a partir da Química Computacional. Revista Virtual de Química. v. 12. N. 3. Disponível em: https://bit.ly/3yIhPgV.

SILVA, A. R. Teoria do funcional da densidade exata para o modelo de Hubbard de dois sítios. **Universidade Federal do Vale do São Francisco**. Bahia, 2009 Dissertação de mestrado. Disponível em: http://www.univasf.edu.br/arquivos/tcc/tcc1033.pdf.

ROSA, R. C. et al. Análise Computacional do hidrocarboneto aromático policíclico antraceno e sua aplicação na astroquímica. **Cadenos de astronomia**. v. 2, n. 2, 2021. Disponível em: https://periodicos.ufes.br/as+-tronomia/article/view/35751.

AS CORRENTES DE PENSAMENTO EM CIÊNCIA, TECNOLOGIA & SOCIEDADE: UMA ANÁLISE HISTÓRICA ATÉ SEU STATUS QUO

João Guilherme Nunes Pereira
Caroline de Goes Sampaio

Resumo

Os saberes científicos, tecnológicos e sociais estão alicerçados em perspectivas locais e regionais de determinados agrupamentos da população, de modo que uma análise de seus pensamentos perpassa as peculiaridades de tais características fragmentárias. Nesse viés, o movimento Ciência-Tecnologia-Sociedade surgiu como modo interpretativo dos empreendimentos humanos, refere-se de modo particular às fenomenologias sociais dispostas no binômio ciência e tecnologia (C&T). À vista disso, compete a este ensaio analisar, conforme parâmetro histórico-reflexivo, as correntes de pensamento em ciência, tecnologia & sociedade despontantes a partir de 1970 até seu status quo, destacando as vertentes: europeia, norte-americana e latino-americana. Para isso, investigou-se materiais bibliográficos elaborados, principalmente, pelos autores: Cutcliffe (2001), Auler e Delizoicov (2001), Cerutti (2017) e Chrispino (2017). Em síntese, as considerações estruturadas na tradição CTS europeia trouxeram análises sob o âmbito sócio-histórico da ciência, através de David Bloor, Barry Barnes e Steven Shapin. Na concepção norte-americana, os infortúnios do desenvolvimento científico e tecnológico na sociedade e no meio ambiente foram notadamente explorados em seus debates. Enquanto, a dimensão latino-americana exaltou a sociopolítica como meio de entendimento aos cenários C&T. Na atualidade, esse conjunto de vertentes tem sido essencial para a tessitura de compreensões acerca das questões C&T e seus encargos para com o desenvolvimento científico e tecnológico em nível global durante os períodos pandêmico e pós-pandêmico da COVID-19.

Palavras-chave: *Ciência. Correntes de Pensamento em CTS. Tecnologia. Sociedade.*

Introdução

As interpretações pedagógicas empregadas nos múltiplos ambientes escolares de todo o mundo orientam características particulares nos processos de ensino e aprendizagem das ciências naturais, guiando métodos pedagógicos e enfoques científicos acerca de como se produz e se transmite a ciência atual (GIL-PÉREZ, 1994; BEJARANO, ADURIZ-BRAVO, BONFIM, 2019). Nesse universo, a abordagem Ciência, Tecnologia e Sociedade (CTS) aflorou durante o século XX como um modo de apreciar o cunho sociológico tanto no desenvolvimento e quanto na validação dos saberes científicos e tecnológicos, bem como de seus impactos ambientais, econômicos, culturais e em outros aspectos gerais das sociedades no Ocidente (OSÓRIO, 2002).

Postula-se, desse modo, que o parâmetro CTS na educação compreende individualidades de seu território de atuação, isto é, em cada local onde se originam as discussões em CTS aparecem olhares investigativos distintos acerca de suas problemáticas regionais. A partir das elucidações desse processo, algumas inquietações referentes às tradições CTS surgiram nos autores deste estudo: Quais distinções existem entre as abordagens europeia, norte-americana e latino-americana? Quais reflexões cada uma delas conduz ao desenvolvimento C&T na sociedade? O que se pode constatar na atualidade como contribuição dessas formas de abordagem CTS?

Desse modo, estipulou-se como propósito investigativo analisar, conforme parâmetro histórico-reflexivo, as correntes de pensamento em ciência, tecnologia & sociedade despontantes a partir de 1970 até seu status quo, destacando as vertentes: europeia, norte-americana e latino-americana. Para isso, realizou-se uma pesquisa bibliográfica tracejada mediante abordagem qualitativa de dados. As considerações construídas foram respaldas, principalmente, através das obras de Cutcliffe (2001), Auler e Delizoicov (2001), Cerutti (2017) e Chrispino (2017).

Esta pesquisa subdivide seus argumentos em três (03) sessões. A primeira expressão argumentativa explana acerca das reflexões originárias do movimento CTS, organizando elucidações sobre três (03) relevantes projetos de desenvolvimento científico e tecnológico: Manhattan, Apollo e Genoma Humano. A segunda aborda de modo crítico as múltiplas concepções em ciência, tecnologia & sociedade oriundas desse movimento – tradições: europeia, norte-americana e latino-americana – resgatando aspectos históricos até seu status quo. Por fim, a terceira expõe as considerações finais dos autores deste estudo.

Ciência, Tecnologia & Sociedade: Algumas Reflexões

A sociedade em âmbito global atravessou, ao longo do século XX, inúmeras e multifacetadas transformações, especialmente desavenças entre nações e a efervescência de novas descobertas científicas. Com efeito, isso conduziu alguns pesquisadores a constituir um campo do conhecimento que integrasse temas da ciência, da tecnologia e da sociedade. Esse anseio se fortaleceu entre as décadas de 1960 e 1970 (CUTCLIFFE, 2001). Todavia, consoante Cerutti (2017), certos fenômenos precedentes e outros simultâneos, propriamente empreendimentos humanos, foram essenciais para que todo esse contexto viesse a ser consumado com a magnitude global vinda posteriormente, tais como: o Projeto Manhattan, o Projeto Apollo e o Projeto Genoma Humano.

O Projeto Manhattan (1940-1946) foi uma parceria econômica e de pesquisa entre Estados Unidos, Canadá e Reino Unido que visou identificar formas bélicas de se empregar materiais nucleares. Nesse programa, foram criadas e aperfeiçoadas duas categorias de bombas nucleares: as bombas de urânio e plutônio. A bomba de urânio considerou a fissão atômica do urânio-235, isótopo equivalente a 0,71% do urânio presente em toda a natureza. Para que isso acontecesse, o enriquecimento atômico de urânio deveria ser empregado por vias eletromagnéticas, gasosas e térmicas. Enquanto a bomba de plutônio, por sua vez, foi produzida a partir de um acelerador de partículas apropriado para átomos de urânio, instrumento que ocasionava irradiação e transmutação química de seus átomos, a fim de que se tornassem o plutônio. Ambas as bombas, respectivamente, foram utilizadas nos ataques americanos às cidades japoneses de Hiroshima e Nagasaki, causando perdas irreparáveis e forte comoção mundial (SAMAGAIA; PEDUZZI, 2003).

O Projeto Apollo (1961-1972) foi coordenado pela *National Aeronautics and Space Administration* – NASA, agência do Governo Federal dos Estados Unidos da América (EUA), e objetivou alcançar o audacioso anseio humano de chegar a Lua. Esse plano foi composto por diversas missões espaciais. A sua criação só foi possível em razão das grandes inovações científicas e tecnológicas advindas de estratégias bélicas adotadas na Segunda Guerra Mundial[8], como: a criação de computadores digitais, os cálculos balísticos de alta precisão e o lançamento intercontinental de mísseis (DUMONT, 2021). Portanto, entende-se que esse foi um período em que a tecnologia e a ciência simbolizaram um conglomerado de benesses à coletividade humana, reforçando tal concepção mediante um fragmento da equação linear[9] de Palacios et al. (2003, p. 120): "+ tecnologia = + bem-estar social".

O Projeto Genoma Humano (1990-2003), conforme Toledo (2021), foi um empreendimento internacional que pretendia determinar todos os pares de base do DNA humano, desejava-se efetuar a identificação, o mapeamento e o sequenciamento genético. Esse projeto teve como um dos principais financiadores o *National Institutes of Health* (NIH), agência governamental norte-americana. O intuito central da investigação genética era compreender a sequência dos pares de bases químicas do DNA e como esse conhecimento poderia ser aproveitado pela biologia e medicina, por exemplo, aperfeiçoando saberes acerca de enfermidades irremediáveis até então.

A junção desses três projetos, bem como muitas outras variáveis daquele período, culminou em colossais investimentos financeiros, incidentes ocasionados e múltiplas discussões sobre a eticidade científica, elementos que formaram a matriz argumentativa preliminar para o nascimento do movimento ciência-tecnologia-sociedade (CTS). Portanto, as correntes de pensamento CTS compuseram uma criticidade construída a partir da ótica ciência e tecnologia, essencialmente das consequências oriundas de suas aplicações desmedidas através dos avanços científicos e tecnológicos, assim como no tocante ao modo opressor e persuasivo que se impunha aos fins científicos e tecnológicos para que se moldassem ao poder das nações mais desenvolvidas (CORREA; BAZZO, 2017).

---

[8] A Segunda Guerra Mundial durou e fez
[9] A equação linear do desenvolvimento completa de Palacios et al. (2003, p. 120) é representada por: "+ ciência = + tecnologia = + riqueza = + bem-estar social".

Assim, as relações incorporando um aspecto CTS foram ganhando visibilidade e importância em todo o meio social, uma vez que cada vez mais a sociedade se mostrava interconectada entre realidades científicas e tecnológicas (MANSOUR, 2009). Desse modo, a educação, embora seja um de vários elementos humanos que a CTS deseja permear, foi ganhando gradativamente mais e mais espaços voltados para tais discussões. De fato, era preciso desenvolver um aprendizado consciente e crítico no ambiente escolar, não bastava acumular inovações e conhecimentos isolados, os estudantes deveriam conhecer, entender e confrontar os impactos científicos e tecnológicos na sociedade. Nesse viés, Silveira e Bazzo (2006) reafirmam que:

> Nos países desenvolvidos, começou a se manifestar o movimento CTS (Ciência, Tecnologia e Sociedade) através da comunidade acadêmica que, insatisfeita com a concepção tradicional da ciência e da tecnologia e preocupada com os problemas políticos e econômicos decorrentes do desenvolvimento científico-tecnológico e com os movimentos sociais de protestos, começou a buscar análise e estudos na área de CTS; os quais são muito recentes no Brasil. Tal movimento nasceu com caráter crítico, tanto em relação à visão essencialista da ciência e da tecnologia, bem como com a visão interdisciplinar entre as diversas áreas do conhecimento, incentivando o questionar das certezas absolutas sobre a ciência, desvelando a sua não neutralidade e tomando decisões mais coerentes em relação aos problemas nos quais os conhecimentos científicos estejam presentes (SILVEIRA; BAZZO, 2006, p. 84).

Admite-se que o entendimento de uma propriedade interdisciplinar trouxe o questionamento sobre essa ciência absoluta, considerada neutra, mas desvelada pela comunidade acadêmica como sendo expressamente parcial em relação aos seus interesses tecnológicos de poder econômico (BAZZO, 2003).

Aliás, conduziu-se a interpretação de que os saberes sistematizados na escolaridade se encontravam desconexos quanto as realidades dos estudantes e as suas verdadeiras necessidades. Esse constituiu um dos maiores fatores para o surgimento do movimento de interdisciplinaridade na Europa (FAZENDA, 2012). Portanto, a visão CTS moldou contextos integrativos aos seus pensadores para

ENSINO DE CIÊNCIAS E MATEMÁTICA

que questionassem as razões dos entraves da humanidade, tais como: guerras, fome, miséria, violência, preconceito, desemprego e exploração.

Logo, tornou-se vital a ampla difusão alfabetizadora do que seriam atitudes eticamente científicas e tecnológicas. Nessa acepção, Santos e Mortimer (2002) afirmam que não se trata de evidenciar unilateralmente as dádivas oriundas da ciência e da tecnologia, mas representar de forma concomitante suas sequelas sociais. Dito isto, esse tracejo se constrói perfazendo um contraste ao modelo de ensino superficial das ciências, reiterando uma alternativa de ensino baseada na criticidade dialógica de saberes articulados em quesitos científicos e tecnológicos (ANGOTTI; AUTH, 2001).

A reflexão científica sobre como novos conhecimentos são aprendidos começou a estabelecer cenários de análise, ainda que não fossem alinhados em todo o mundo, e apresentou conceitos aproximados do que é a educação científica, nomeadamente uma educação científica em CTS. Estabeleceu-se que esse âmbito de pesquisa conjuga a educação com o desenvolvimento científico/tecnológico e avalia a natureza humana como o aspecto essencial para o entendimento de seus fenômenos, princípio resgatado do cartesianismo em que a pesquisa científica não era reconhecida como mera especulação, mas pela autenticidade buscada nos conteúdos detalhados (BAZZO, 2003).

O propósito de educar a partir de temas intercalados na abordagem CTS, além de criar uma aprendizagem reflexiva sobre o mundo entre estudantes, está relacionado à difusão crítica da ciência e da tecnologia na sociedade. Desse modo, as especificidades da ciência e da tecnologia permeiam o conhecimento derivado da pluralidade de produções sociais e definem a inter-relação entre conhecimento científico e cotidiano do aprendiz (AULER; DELIZOICOV, 2001). O prisma CTS reconhece a criticidade como parte essencial da consciência e do conhecimento do aluno e visa articular gradualmente atitudes em consciência guiadas por aspectos integrados à cultura coletiva, à política, à economia e a tantos outros aspectos de sua vida cotidiana (BOURSCHEID, 2014).

Os propósitos da educação científica têm sido historicamente mutáveis. Entre 1950 e 1960, no início da Guerra Fria, as características norte-americanas prevaleceram e se estenderam ao modelo de ensino científico, uma vez que se prezava pela busca de novos conceitos e métodos científicos em um intenso grau de celeridade para impedir a repercussão mundial dos resultados positivos de seu agente rival, a União das Repúblicas Socialistas Soviéticas (URSS) (AULER; DELIZOICOV, 2001). Com o fim dos anos 1960 e o início dos anos 1970, múltiplos grupos sociais afloraram críticas sobre o impacto da inovação experimentado pela sociedade na última década e, assim, o movimento de Ciência, Tecnologia e Sociedade se instalou no Reino Unido. Na década de 1990, as perspectivas da educação em ciências pela abordagem CTS se concentraram na cidadania, no cotidiano e na educação sustentável (CUNHA, 2006).

As perspectivas de Chassot (2003) com alusão ao cotidiano e sua importância para a aprendizagem crítica das ciências estão em conformidade com as correntes de pensamento em CTS. Aliás, o universo científico e tecnológico preza por sentidos e concepções particulares de um contexto social, elemento que constitui as vertentes CTS mais difundidas, as quais podem ser classificadas em: norte-americana, latino-americana e europeia.

Múltiplas Concepções em Ciência, Tecnologia & Sociedade

O movimento CTS seriou enfoques sociais sobre as mudanças provocadas a partir dos avanços científicos e tecnológicos, posteriormente tais aspectos foram enredados com mais afinco ao meio ambiente, ocasionando na compreensão CTSA. Os prismas em CTS/CTSA foram se desenvolvendo mediante os questionamentos que se estruturavam entre as relações Ciência & Tecnologia (C&T) e suas mediações com a sociedade. Portanto, é presumível que as características em C&T desse movimento adquiriram ao longo de sua existência certas especificidades regionais, propriamente discussões e perspectivas referentes às questões próprias de seu local de atuação. Com isso, as vertentes foram divididas em norte-americana, europeia e latino-americana.

O pensamento CTS surge primeiramente nos Estados Unidos da América (EUA) e na Europa, entre as décadas de 1960 e 1970, visando estruturar um ensino de ciências que obtivesse caráter de controle da ciência e da tecnologia, através disso, formular-se-ia entre estudantes uma cidadania incorporada no viés sociológico da ciência (SANTOS; MORTIMER, 2001). A progressão do movimento fez com que as consciências da formação cidadã fossem especializadas conforme as nações. Acerca disso, Chrispino (2017, p. 06) salienta que a abordagem "CTS concebe a ciência e a tecnologia como projetos complexos que se dão em contextos históricos e culturais específicos", aspectos que formaram as tradições CTS mais notáveis: europeia, norte-americana e latino-americana.

A tradição CTS europeia emergiu a partir de 1970, suas particularidades estavam atreladas às conceitualizações sociológicas e históricas da ciência. A Universidade de Edimburgo, segundo Garcia, Cerezo e López (1996), foi a instituição precursora dessa vertente, especificamente através de seus pesquisadores David Bloor, Barry Barnes e Steven Shapin e de suas ponderações acerca da sociologia científica. Certamente, devido tais características, essa tradição alicerçou-se fortemente às concepções de Thomas Kuhn[10], acarretando em questionamentos sobre a filosofia e a história da ciência, assim como a exibição do estilo interdisciplinar das ciências que se destinava a fluidificar as fronteiras positivistas do conhecimento científico (LINSINGEN, 2007; GUERREIRO; SAMPAIO; PÉREZ, 2021).

Não obstante, a tradição europeia trouxe sua análise aguçada de uma sociologia da ciência, através do "Programa Forte" de David Bloor (1976-1991). Consoante as ideias idiossincráticas de Bloor (2009), a ciência precisava comportar quatro parâmetros de valoração, eram eles: conduta causal, imparcialidade, simetria e reflexividade, sem as quais a mesma não preservaria a observação do prisma social no desenvolvimento da ciência e na produção científica. Com isso, o argumento de Bloor, condiz que somente mediante a perspectiva da sociologia é possível explicar apropriadamente a ciência (MASSONI; MOREIRA, 2020).

De modo sucinto, a sociologia da ciência de Bloor englobou a visão teórica de busca pela explicação acerca da formação do conhecimento científico como um produto de determinada sociedade ou cultura, ao invés de uma atividade intrinsecamente racional ou objetiva (MASSONI; MOREIRA, 2020). A argumentação de Bloor considerou que a ciência é um empreendimento humano e, certamente, os seus fatores estão sujeitos a influências dos fenômenos sociais e culturais. Nessas perspectivas, crenças e teorias da ciência são estruturadas social-

---

[10] Refere-se as concepções de Kuhn publicadas em sua obra "A Estrutura das Revoluções Científicas" de 1962.

mente mediante a execução de práticas e a imposição valores específicos. Identifica-se, nessa abordagem, elementos direcionadores dos saberes científicos e tecnológicos, são eles: os interesses de uma sociedade, a tomada de compromissos teóricos, o uso de recursos materiais e o desdobramento de habilidades técnicas (BLOOR, 2009).

Dentre as contribuições da sociologia da ciência de Bloor despontante na tradição CTS europeia, destacou-se a ideia de "relativismo forte", uma visão investigativa que expressa as teorias científicas como criações de sociedades e culturas específicas, de modo que as mesmas não são capazes de serem avaliadas através de critérios absolutos do que é verídico ou falso na ciência. Pelo contrário, as teorias científicas demandariam ser avaliadas mediante sua coerência interna (métodos), bem como na maneira como elas se associam as demais práticas e teorias científicas (BLOOR, 2009). Apesar das ideias de Bloor terem sido bastante criticadas por seu relativismo e seu destaque ao impacto social da ciência, elas obtiveram um grande dimensionamento nas áreas da sociologia e da filosofia da ciência (MASSONI; MOREIRA, 2020).

A tradição norte-americana, por sua vez, compreendeu sua prioridade às consequências do desenvolvimento científico e tecnológico na sociedade e no meio ambiente, expressando que esses entraves deveriam ser superados mediante a cidadania participativa, isto é, a C&T deveriam passar constantemente pela crítica da sociedade (CANDÉO; SILVEIRA; MATOS, 2014). Essa tradição foi considerada mais ativista por promover protestos sociais que reivindicavam tais direitos entre 1960 e 1970, tais como o movimento ambientalista e o de contracultura (LINSINGEN, 2007).

O movimento CTS na América do Norte surgiu como campo de estudo na década de 1960, particularmente nos Estados Unidos e no Canadá. Essa tradição do movimento CTS se desenvolveu através da criação de centros de pesquisa e programas de formação de pesquisadores dedicados ao estudo da ciência, tecnologia e sociedade na América do Norte. Essa vertente de pesquisa foi considerada como pensamento dominante, juntamente com a tradição europeia, e incluiu diversos estudos envolvendo meio ambiente, relações culturais, gênero, saúde, entre outros assuntos em C&T (RIBEIRO; SANTOS; GENOVESE, 2017). Na visão

ENSINO DE CIÊNCIAS E MATEMÁTICA

CTS norte-americana, alguns tópicos são mais recorrentes em suas pesquisas, tais como: as consequências sociopolíticas das tecnologias nucleares, a contracultura, a sustentabilidade ambiental e as questões de desigualdade na ciência e na tecnologia (LINSINGEN, 2007).

Na América Latina a abordagem CTS, em contraponto as demais tradições, delineou uma identidade razoavelmente mais política, supostamente por seu ambiente de formação possuir uma maior heterogeneidade sociopolítica e um senso de opressão cultural estabelecida. Aliás, Sutz (1998) conceitua que existia, naquele período, uma descrença por parte dos países latino-americanos em relação ao desenvolvimento científico e tecnológico advindo da Europa e da América do Norte, pois seus direcionamentos não estimulavam a prosperidade científica nos países subdesenvolvidos, mas desejavam mantê-los sob seu domínio.

O movimento latino-americano CTS estava sintonizado com as perspectivas europeias e norte-americanas quanto aos processos sociais que se manifestavam das novas relações em C&T, de fato, esse aspecto foi um grau de avaliação traçado através das políticas públicas. À vista disso, a política científica e tecnológica da vertente latina consolidou sua expressão no "Pensamento Latino-Americano em Ciência, Tecnologia e Sociedade (PLACTS)". Além disso, a tradição latino-americana também trouxe (re)significação a leitura dos interesses C&T, sobretudo da não-neutralidade e da não-universalidade, algo essencial para Sutz (1998):

> A velocidade vertiginosa dos avanços científico-tecnológicos inevitavelmente lança dúvidas sobre a real capacidade de nossas sociedades a assumirem como própria uma atividade que enfrenta tantos obstáculos para ser relevante. No entanto, por ser uma atividade social fundamental, devemos aprender a "ler" a pesquisa desenvolvimento científico e tecnológico que de fato ocorre entre nós. Parte dos parâmetros dessa leitura deverá ser internacional, sem dúvida, mas eles sozinhos não nos permitem apreender uma riqueza que não por pouco percebida é menos real (SUTZ, 1998, p. 146, tradução nossa[11]).

---

[11] La velocidad de vértigo de los avances científico-tecnológicos arroja inevitablemente dudas acerca de la capacidad real de nuestras sociedades para asumir como propia una actividad que

ENSINO DE CIÊNCIAS E MATEMÁTICA **77**

A leitura abrangente proposta pela autora atravessa a internacionalidade para se compreender obstáculos regionais. Na América Latina, os pesquisadores mantiveram uma análise específica acerca do paradoxo: "enquanto os países menos desenvolvidos tentam produzir conhecimento científico local, eles estão submetidos a uma relação de dependência do conhecimento – particularmente tecnológico – produzido em países industrializados." (KREIMER, 2007, p. 01, tradução nossa[12]).

A tradição CTS na América Latina teve suas origens na década de 1970, quando estudiosos começaram a questionar a relação entre o papel da ciência e da tecnologia envolvidas nas questões sociopolíticas que afetavam tal região. Os pesquisadores latino-americanos concentraram seus esforços para compreender, através da abordagem CTS, como a ciência e a tecnologia figuravam relações de poder, de opressão e de desigualdades sociais, assim como essas mesmas também poderiam ser empregadas para enfrentar tais desafios sociais e ambientais na América Latina (VACCAREZZA, 2011).

Na América Latina, o movimento CTS reconheceu ciência e tecnologia como produtos que não são neutros quanto aos interesses sociais e políticos dominantes. Aliás, nessa perspectiva de pesquisa, esses são elementos que devem ser analisados sob um espectro de reflexão demasiadamente amplo. A concepção construída por Rodríguez e Del Pino (2017), ao estudar as interações CTS, expõe que o pesquisador latino-americano direciona achados e argumentos que estruturem políticas mais inclusivas no âmbito social através de uma participação cidadã, bem como que detenham aspectos responsáveis para com o desenvolvimento científico e tecnológico nos países subdesenvolvidos e emergentes.

---

afronta tantos obstáculos para resultar relevante. Sin embargo, por tratarse de una actividad social fundamental, debemos aprender a «leer» la investigación científica y el desarrollo tecnológico que efectivamente tiene lugar entre nosotros. Parte de los parámetros de dicha lectura tendrán que ser internacionales, sin duda, pero ellos solos no permiten aprehender una riqueza que no por poco percibida es menos real (SUTZ, 1998, p. 146).

[12] While the lesser developed countries try to produce scientific knowledge locally, they are subject to a dependence relationship of the knowledge– particularly technological–produced in industrialised countries (KREIMER, 2007, p. 01).

Nos últimos tempos, a ciência latino-americana tem se destacado com pesquisas sobre as riquezas naturais da Amazônia e outros temas da região, ressaltando perspectivas acerca dos interesses econômicos envolvidos na exploração desses recursos (AMORAS; AMORAS, 2011). Além disso, há uma expressiva comunidade de cientistas que se dedica a explorar a América Latina tanto do ponto de vista histórico quanto de sua formação cultural (SALDAÑA, 1999; BARBALHO, 2011). Não obstante, a América Latina se tornou palco de diversas pesquisas sobre o desenvolvimento de energias renováveis e de processos tecnológicos sustentáveis, ações que afloram a visibilidade científica da região a nível global (DUPONT; GRASSI; ROMITTI, 2015).

Em linhas gerais, o movimento CTS através de suas investigações tem sido nos últimos tempos uma perspectiva investigativa de grande relevância para discussões sociopolíticas, tratando de diversas questões, como: as mudanças climáticas, os parâmetros éticos na pesquisa científica e nas inovações tecnológicas, as implicações da ciência e tecnologia na sociedade e na cultural. A abordagem CTS permanece em constante evolução conforme suas tradições regionais de investigação, compreendendo as complexas e específicas relações entre ciência, tecnologia e sociedade. Postula-se que, a partir da pandemia do vírus causador da COVID-19, o movimento CTS obteve notoriedade significativa, uma vez que, devido ao contexto pandêmico, as áreas tanto da ciência quanto da tecnologia ganharam destaques especiais por serem consideradas essenciais para o desenvolvimento de vacinas e para o combate a disseminação do SARS-CoV-2 (OLIVEIRA, 2020; GONÇALVES-ALVIM, MARINO, 2022).

Por sua vez, aspectos da discussão atual sobre a CTS têm princípios subjacentes que incorporam as implicações sociais e éticas das ações dos governos e órgãos de saúde durante a pandemia. No contexto do movimento CTS, são importantes reflexões: o papel da ciência na tomada de providências, a equidade no acesso às vacinas, a disseminação de notícias falsas durante a crise sanitária, bem como outros temas relacionados à pandemia. Com isso, esse prisma CTS concebe que a pandemia descortinou, sobretudo, alguns assuntos acerca do planejamento global em colapsos de saúde, as desigualdades econômicas no acesso aos cuidados de saúde e a necessidade de investir mais recursos em pesquisas científicas.

Pode-se afirmar que, de um modo geral, o movimento CTS se mantém atuante nas investigações acadêmicas através de suas tradições europeia, norte-americana, latino-americana tanto no período de pandemia quanto no pós-pandemia, contribuindo, conforme suas particularidades, para uma compreensão crítica das benesses e dos reveses oriundos da Ciência & Tecnologia (C&T) na sociedade em cada uma das realidades regionais do Planeta, assim como para o achado de soluções globais mais equitativas e sustentáveis para os problemas que afligem a sociedade.

Considerações Finais

Este estudo objetivou analisar, conforme parâmetro histórico-reflexivo, as correntes de pensamento em ciência, tecnologia & sociedade despontantes em 1970 até seu status quo, destacando as vertentes: europeia, norte-americana e latino-americana. À medida representativa, as considerações expuseram que as vertentes CTS examinadas avançaram sob perspectivas regionais particulares de sua origem, expondo que, apesar do domínio inicial das concepções do Hemisfério Norte, os apanhados e epistemologias em CTS de todas as tradições, inclusive a latino-americana, constituíram elos e divergências em suas teorias, aspectos que gradativamente enriqueceram o movimento.

As considerações estruturadas na tradição CTS europeia trouxeram análises sob o âmbito sócio-histórico da ciência, através dos pesquisadores da Universidade de Edimburgo: David Bloor, Barry Barnes e Steven Shapin. Na concepção norte-americana, sinteticamente, foram expressivamente explorados os infortúnios do desenvolvimento científico e tecnológico na sociedade e no meio ambiente em seus debates. Enquanto, a dimensão latino-americana exaltou a sociopolítica como meio de entendimento aos cenários C&T, trazendo considerações alusivas à opressão e ao domínio científico, cultural e econômico. Na atualidade, esse conjunto de vertentes tem sido essencial para a tessitura de compreensões acerca das questões C&T e seus encargos para com o desenvolvimento científico e tecnológico em nível global durante os períodos de pandemia e pós-pandemia da COVID-19.

Referências

AMORAS, F. C.; AMORAS, A. V. Presença europeia na Amazônia. **Estação Científica (UNIFAP)**, v. 1, n. 1, p. 17-22, 2011. Disponível em: https://core.ac.uk/download/pdf/233924193.pdf. Acesso em: 11 mai. 2023.

ANGOTTI, J. A.; AUTH, M. A. Ciência e Tecnologia: implicações sociais e o papel da educação. **Ciência & Educação**, v. 7, n. 1, p. 15-27, 2001. Disponível em: https://www.scielo.br/j/ciedu/a/cpQBQWf3L6SQWqnff9M4NrF/?lang=pt&format=pdf. Acesso em: 11 mai. 2023.

AULER, D.; DELIZOICOV, D. Alfabetização científico-tecnológica para quê? **Ensaio: Pesquisa em Educação em Ciências**, v. 3, n. 1, p. 122-134, 2001. Disponível em: https://www.scielo.br/j/epec/a/XvnmrWLgL4qqN9SzHjNq7Db/?format=pdf&lang=pt. Acesso em: 13 mai. 2023.

BARBALHO, A. Políticas e indústrias culturais na América Latina. **Contemporânea**, v. 9, n. 1, p. 23-35, 2011. Disponível em: https://www.e-publicacoes.uerj.br/index.php/contemporanea/article/view/1195/1575. Acesso em: 13 mai. 2023.

BAZZO, W. A. **Ciência, Tecnologia e Sociedade e o contexto da educação tecnológica**. Madri: Organização dos Estados Ibero-americanos, 2003.

BEJARANO, N. R. R.; ADURIZ-BRAVO, A.; BONFIM, C. S. Natureza da Ciência (NOS): para além do consenso. **Ciência & Educação**, v. 25, n. 4, p. 967-982, 2019. Disponível em: https://www.scielo.br/j/ciedu/a/hBBqmVzbkcCrdxXP4Yf7Qtj/?format=pdf&lang=pt. Acesso em: 06 mai. 2023.

BOURSCHEID, J. L. W. A convergência da educação ambiental, sustentabilidade, ciência, tecnologia e sociedade (CTS) e ambiente (CTSA) no ensino de ciências. **Revista Thema**, v. 11, n. 1, p. 24-36, 2014. Disponível em: https://periodicos.ifsul.edu.br/index.php/thema/article/view/183. Acesso em: 11 mai. 2023.

BLOOR, D. **Conhecimento e imaginário social**. São Paulo: Editora da UNESP, 2009.

CANDÉO, M.; SILVEIRA, R. M. C. F.; MATOS, E. A. S. Á. De. Relações sociais da Ciência e da Tecnologia: percepções dos professores de formação técnica participantes do PARFOR. **Amazônia: Revista de Educação em Ciências e Matemáticas**, v. 11, n. 21, p. 70-91, 2014. Disponível em: https://periodicos.ufpa.br/index.php/revistaamazonia/article/view/2371. Acesso em: 23 abr. 2023.

CERUTTI, D. M. L. **CTS – Ciência, tecnologia e sociedade**. Ponta Grossa: UEPG/ NU-TEAD, 2017.

CHASSOT, A. Alfabetização científica: uma possibilidade para a inclusão social. **Revista Brasileira de Educação**, v. 1, n. 22, p. 89-100, 2003. Disponível em: https://www.scielo.br/j/rbedu/a/gZX6NW4YCy6fCWFQdWJ3KJh/?lang=pt&format=pdf. Acesso em: 13 mai. 2023.

CHRISPINO, A. **Introdução aos Enfoques CTS – Ciência, Tecnologia e Sociedade – na Educação e no Ensino**. 1. Ed. Madrid: Organização dos estados Ibero-americanos, 2017.

CORREA, L. F.; BAZZO, W. A. Contribuições da Abordagem Ciência, Tecnologia e Sociedade para a Humanização do Trabalho Docente. **Contexto & Educação**, n. 102, p. 57-80, 2017. Disponível em: https://www.revistas.unijui.edu.br/index.php/contextoeducacao/article/download/6446/5442. Acesso em: 11 mai. 2023.

CUNHA, M. B. da. O movimento ciência/tecnologia/sociedade (CTS) e o ensino de ciências: condicionantes estruturais. **Revista Varia Scientia**, v. 06, n. 12, p. 121-134.

CUTCLIFFE, S. H. The historical emergence of STS as an academic field in the United States. **Argumentos de Razón Técnica**, n. 4, p. 281-292, 2001. Disponível em: http://institucional.us.es/revistas/argumentos/5/art_11.pdf. Acesso em: 13 mai. 2023.

DUMONT, G. de. M. **O Mundo da Lua**. 1. Ed. Patos de Minas: Edição Independente, 2021.

DUPONT, F. H.; GRASSI, F.; ROMITTI, L. Renewable Energies: seeking for a sustainable energy matrix. **Revista Eletrônica em Gestão, Educação e Tecnologia Ambiental**, v. 19, p. 70–81, 2015. Disponível em: https://periodicos.ufsm.br/reget/article/view/19195. Acesso em: 11 mai. 2023.

FAZENDA, I. C. **Interdisciplinaridade**: História, Teoria e Pesquisa. 18. Ed. São Paulo: Papirus, 2012.

GIL-PÉREZ, D. Diez años de investigación en didáctica de las 81onhece81: realizaciones y perspectivas. **Enseñanza de las Ciencias**, v. 12, n. 2, p. 154-164, 1994. Disponível em: https://core.ac.uk/download/pdf/38990362.pdf. Acesso em: 06 mai. 2023.

GONÇALVES-ALVIM, S. J.; MARINO, P. B. L. P. Fomento à ciência, tecnologia e inovação (CT&I): mapeamento de políticas públicas no combate à pandemia de COVID-19 no âmbito estadual. **Revista Brasileira de Ciência Política**, n. 37, p. 1-35, 2022. Disponível em: https://www.scielo.br/j/rbcpol/a/Wd5Jy5XLgBMPp7XdDzgvjtS/?format=pdf&lang=pt. Acesso em: 06 mai. 2023.

82 ENSINO DE CIÊNCIAS E MATEMÁTICA

GUERREIRO, I. L.; SAMPAIO, C. de G.; PÉREZ, L. F. M. **Ensino de ciências com enfoque CTSA**: algumas reflexões. In: SAMPAIO, C. de. G.; BARROSO, M. C. da. S.; ARIZA, L. G. A. (Orgs.). Experiências em ensino ciências e matemática na formação de professores da Pós-Graduação do IFCE. 1. Ed. Fortaleza: EdUECE, 2021. P. 36-55.

KREIMER, P. Social Studies of Science and Technology in Latin America: A Field in the Process of Consolidation. **Science Technology Society**, v. 12, n. 1, 2007. Disponível em: https://repositorio.esocite.la/96/1/KREIMER-Social-Studies-of-Science-and-Technology-in-Latin-America-A-Field-in-the-Process-of-Consolidation.pdf. Acesso em: 23 abr. 2023.

LINSINGEN, I. V. Perspectiva educacional CTS: aspectos de um campo em consolidação na América Latina. **Ciência & Ensino**, v. 1, número especial, 2007. Disponível em: https://wiki.sj.ifsc.edu.br/images/2/23/Irlan.pdf. Acesso em: 02 fev. 2023.

MASSONI, N. T.; MOREIRA, M. A. David Bloor e o "Programa Forte" da sociologia da ciência: um debate sobre a natureza da ciência. **Ensaio: Pesquisa em Educação em Ciências**. V. 22, p. e10625, 2020. Disponível em: https://www.sci-elo.br/j/epec/a/msffFvFv69Jbp6ZjhZ6yNYG/?format=pdf&lang=pt. Acesso em: 02 fev. 2023.

MANSOUR, N. Science-Technology-Society (STS): A New Paradigm in Science Education. **Bulletin of Science, Technology & Society**, v. 29, n. 4, 287-297, 2009. Disponível em: https://journals.sagepub.com/doi/10.1177/0270467609336307. Acesso em: 10 mai. 2023.

OLIVEIRA, T. M. de. Como enfrentar a desinformação científica? Desafios sociais, políticos e jurídicos intensificados no contexto da pandemia. **Liinc em Revista**, v. 16, n. 2, p. e5374, 2020. Disponível em: https://revista.ibict.br/liinc/article/view/5374. Acesso em: 13 mai. 2023.

OSÓRIO, C. La educación científica y tecnológica desde el enfoque en Ciencia, Tecnología y Sociedad: aproximaciones y experiencias para la educación secundaria. **Revista Iberoamericana de Educación**, n. 28, p. 61-82, 2002.

PALACIOS, E. M. G.; LINSINGEN, I. V.; GALBARTE, J. C. G.; CEREZO, J. A. L.; LUJÁN, J. L.; PEREIRA, L. T. V.; GORDILLO, M. M.; OSORIO, C.; VALDÉS, C.; BAZZO, W. A. **Introdução aos estudos CTS (Ciência, tecnologia e sociedade)**. Madri: Organização dos Estados Ibero-americanos, 2003.

RIBEIRO, T. V.; SANTOS, A. T.; GENOVESE, L. G. R. A História Dominante do Movimento CTS e o seu Papel no Subcampo Brasileiro de Pesquisa em Ensino de Ciências CTS. **Revista Brasileira de Pesquisa em Educação em Ciências**, v. 17, n. 1, p. 13-43, 2017.

RODRÍGUEZ, A. S. M.; DEL PINO, J. C. Abordagem ciência, tecnologia e sociedade (CTS): perspectivas teóricas sobre educação científica e desenvolvimento na América Latina. **Tear: Revista de Educação, Ciência e Tecnologia**, v. 6, n. 2, 2017. Disponível em: https://periodicos.ifrs.edu.br/index.php/tear/article/view/2490. Acesso em: 11 mai. 2023.

SALDAÑA, J. J. **Ciência e identidade cultural: a história da ciência na América Latina**. In: FIGUEIRÔA, S. F. M. (Org.). Um olhar sobre o passado. História das Ciências na América Latina. 1. Ed. São Paulo: Editora da UNICAMP, 1999. P. 11-31.

SAMAGAIA, R.; PEDUZZI, L. O. Q. An experience with the Manhattan Project in the Elementary School. **Ciência & Educação**, v. 10, n. 2, p. 259-276, 2004. Disponível em: https://www.scielo.br/j/ciedu/a/L5x63ZMH6MNVDdwbg6tG5bf/?format=pdf&lang=pt. Acesso em: 10 mai. 2023.

SANTOS, W. L. P.; MORTIMER, E. F. Tomada de decisão para ação social responsável no Ensino de Ciências. **Ciência & Educação**, v. 7, n. 1, p. 95-111, 2001. Disponível em: https://www.scielo.br/j/ciedu/a/QHLvwCg6RFVtKMJbwTZLYjD/?lang=pt&format=pdf. Acesso em: 10 mai. 2023.

SANTOS, W. L. P.; MORTIMER, E. F. Uma análise de pressupostos teóricos da abordagem C-T-S (Ciência – Tecnologia –Sociedade) no contexto da educação brasileira. **Ensaio: Pesquisa em Educação em Ciências**, v. 2, n. 2, 2002. Disponível em: https://www.scielo.br/j/epec/a/QtH9SrxpZwXMwbpfpp5jqRL/?lang=pt. Acesso em: 10 mai. 2023.

SILVEIRA, R. M. C.F; BAZZO, W. A. Ciência e Tecnologia: transformando o homem e sua relação com o mundo. **Revista Gestão Industrial**, v. 2, n. 2, p. 68-86, 2006. Disponível em: https://periodicos.utfpr.edu.br/revistagi/article/view/115. Acesso em: 10 mai. 2023.

SUTZ, J. Ciencia, Tecnología y Sociedad: argumentos y elementos para una innovación curricular. **Revista Iberoamericana de Educación**, v. 18, p. 149-169, 1998. Disponível em: https://rieoei.org/RIE/article/view/1095t. Acesso em: 23 abr. 2023.

TOLEDO, T. F. de. Considerações éticas sobre o projeto genoma humano e a edição genética em seres humanos. **PhD Scientific Review**, v. 1, n. 2, p. 13-25, 2021. Disponível em: https://app.periodikos.com.br/article/606b6095a953955df702a273/pdf/revistaphd-01-02-13.pdf. Acesso em: 10 mai. 2023.

VACCAREZZA, L. S. Ciencia, Tecnología y Sociedad: el estado de la cuestión en América Latina. **Ciência & Tecnologia Social**, v. 1, n. 1, 2011. Disponível em: https://periodicos.unb.br/index.php/cts/article/view/7801. Acesso em: 11 maio. 2023.

ALGUMAS CONSIDERAÇÕES SOBRE AS HABILIDADES DA BNCC ARTICULADAS A UMA PRÁTICA EXPERIMENTAL REALIZADA COM O BÁCULO DE PETRUS RAMUS

Francisco Hemerson Brito da Silva
Ana Carolina Costa Pereira

Resumo

O estudo de antigos instrumentos matemáticos, orientados para uma ação pedagógica tem crescido no cenário acadêmico, permitindo a mobilização de propostas de aula para a Educação Superior contemplando o ensino, pesquisa e extensão. Assim sendo, esse trabalho é um recorte que fez a escolha de uma prática didática realizada com alunos do Curso de Licenciatura em Matemática da Universidade Estadual do Ceará (UECE), especificadamente, na disciplina de Laboratório de Ensino de Geometria, como parte integrante de uma pesquisa de mestrado em desenvolvimento. Tal ação, se deteve a explorar a medição de comprimento, realizada com o báculo de Petrus Ramus por meio de uma atividade investigativa para a construção de uma interface entre história e ensino de Matemática. Nesse sentido, temos o intuito de apresentar algumas considerações sobre os aspectos de ordem matemática e prática que foram mobilizados no processo de medição com o báculo de Petrus Ramus frente as habilidades presentes na Base Nacional Comum Curricular (BNCC). Advindo a isso, conseguimos observar que durante a vivência e a discussão do procedimento experimental, os estudantes conseguiram mobilizar elementos matemáticos relacionados aos conceitos geométricos de semelhança de triângulos, paralelismo e perpendicularidade na manipulação dos condicionantes materiais do báculo de Petrus Ramus. Dessa forma, com todo o processo que foi promovido, consideramos que essa prática extensionista colaborou a formação inicial de professores ao trazer uma visão alternativa de exploração de recurso histórico para a sala de aula, de maneia a fazer uma articulação da teoria com a prática no desenvolvimento de competências e habilidades.

Palavras-chave: *Pensamento Geométrico; Laboratório de Matemática; Ensino de Matemática.*

Introdução

A ação de ensinar Matemática na Educação Básica, tem requisitado aos docentes licenciados, o aprimoramento de suas práticas de ensino para a atuação em situações rotineiras de sala de aula no que se refere a relação constituída entre conhecimento, o aluno e o professor. Para tanto, considerando o impacto dessas questões no trabalho docente, é indispensável que esse profissional tenha noções sobre os saberes específicos de sua área, de ordem disciplinar, curricular e experiencial (TARDIF, 2010).

Sabendo disso, entendemos que esse processo formativo do professor de Matemática é iniciado na graduação, onde se tem o direcionamento preliminar a respeito de estratégias didáticas sobre seu componente curricular, de maneira a contemplar os diferentes níveis de saberes existentes na práxis docente. Diante disso, Silva, Pereira e Batista (2021) consideram que o desenvolvimento desses aspectos na formação inicial do professor, contribuem para a sua maturação profissional ao especificar abordagens alternativas de mobilização do conhecimento.

A partir dessa questão, o educador matemático em processo formativo, tem a necessidade de dominar os conteúdos específicos para a sala de aula, com a reflexão de que essa capacidade vai intervir em sua prática futura junto de seus alunos por meio de uma ação criatividade e intencional na construção do seu fazer pedagógico. Uma das maneiras para a exploração desse potencial é a utilização do Laboratório de Matemática como um espaço de formação docente e desenvolvimento de práticas experimentais, com variados recursos didáticos que vão guiar esse futuro profissional a sua atuação nas esferas de ensino (OLIVEIRA; KIKUCHI, 2018).

Ademais, Silva e Pereira (2022, p. 2) completam que essa visão de que nesse lugar, também é "esperado que esse professor seja capaz de fazer análises, seleções, produções de materiais didáticos, elementos que são discutidos conjuntamente em disciplinas que se relacionam com o Laboratório de Matemática". Tais ações são consideradas elementares para direcionar o professor em sua jornada de trabalho, ao fazer com que ele articule algum elemento didático estabelecer a relação entre teoria e prática.

Ampliando esse pensamento, a utilização de recursos históricos como objetos didáticos a serem usados no contexto do ensino brasileiro é uma das ações que tem sido realizadas desde a década de 90 do século XX, possuindo um crescimento avançado a partir de 2008 em pesquisas que versam sobre a interface entre história e ensino de Matemática, proposta por Saito e Dias (2013). Diante dessa articulação, práticas de aulas são conduzidas com objetos históricos direcionados a muitas modalidades de ensino com um carácter formativo, podendo ser integrada ao espaço do Laboratório de Matemática.

Uma das possibilidades de inserção para esse feito, foi a aplicação de uma prática de medição com a formação inicial de professores, por meio de atividades investigativas sobre o báculo de Petrus Ramus, um antigo instrumento matemático utilizado entre os séculos XVI e XVII para medir distâncias como comprimento, altura e largura. Essa vivência, alinhou aspectos de ordem teórica, prática e histórica para a mobilização de conhecimentos geométricos na medição de uma situação particular, contemplando o desenvolvimento de competências que são essenciais ao ensino e aprendizagem de Matemática.

Considerando o contexto educacional brasileiro, em relação a organização do currículo que é direcionada para a mobilização dos conteúdos matemáticos, encontra-se a Base Nacional Comum Curricular (BNCC) que dá uma caracterização sequenciada aos objetos de conhecimento por meio de competências e habilidades. Assim sendo, o conhecimento do futuro professor de Matemática, a sua compressão sobre esses aspectos influencia no seu trabalho docente para a mobilização de práticas experimentais.

Mediante ao que foi descrito, este trabalho tem o objetivo de apresentar algumas considerações sobre os aspectos de ordem matemática e prática que foram mobilizados no processo de medição com o báculo de Petrus Ramus em frente as habilidades presentes na BNCC. Essa ação nos permitiu fazer a mobilização de um recurso histórico como material manipulativo para a exploração de conceitos geométricos com alunos do Curso de Licenciatura em Matemática da UECE.

Para tanto, como uma forma de organizar os aspectos em relação a aplicação desenvolvida e os elementos obtidos, dividimos o nosso artigo em quatro seções, de modo a contemplar o referencial teórico utilizado, a metodologia que

ENSINO DE CIÊNCIAS E MATEMÁTICA

foi empregada na aplicação, como também os resultados e discussões, tendo um fechamento com as considerações finais em um contexto geral.

Referencial Teórico

A composição da fundamentação teórica para nossa pesquisa, se deteve na organização em três bases teóricas que auxiliou na construção da prática, sua execução e no tratamento dos dados recolhidos. Esses elementos foram pautados principalmente nas considerações do Laboratório de Matemática como um lugar pedagógico para formação de professores, as ações para a construção de uma interface entre história e ensino de Matemática.

A respeito da concepção do Laboratório de Matemática como um espaço formador para professores, no cenário da pesquisa acadêmica, esse elemento considera que além de abrigar recursos didáticos, tem-se a possibilidade explorar elementos de ordem prática que complementem processos formativos. Alinhando a isso, Oliveira e Kikuchi (2018, p. 810) comentam que esse espaço integra o

> [...] componente curricular de diversos cursos de Licenciatura em Matemática com uma abordagem teórico-prática, ou seja, não é uma simples disciplina para instrumentalizar o futuro professor com atividades, mas sim para abordar temáticas recentes de pesquisa ligadas à Educação Matemática.

Sabendo disso, ao observar o Laboratório de Matemática como promotor de práticas formativas, temos a possibilidade de exploração tanto para o aluno como para o professor e com isso, Lorenzato (2012, p. 7) esclarece a definição, pois ele considera o lugar é "[...] um espaço para facilitar, tanto ao aluno como ao professor, questionar, conjecturar, procurar, experimentar, analisar, e concluir, enfim, aprender e principalmente aprender a aprender".

Desse modo, mediante a um caráter exploratório e investigativo de atividades que podem ser mobilizadas no ambiente, o professor de Matemática pode ministrar aulas teóricas, de modo a realizar discussões com os alunos, como também o esclarecimento de dúvidas, a construção de matérias manipuláveis, jogos, cartazes, que colaboram para uma aprendizagem mais significativa (PEREIRA; VASCON-CELOS, 2015; PEREIRA; OLIVEIRA, 2021; PEREIRA; SAITO, 2018b).

Considerando essa possibilidade, observamos que os recursos históricos podem ser inseridos nesse meio como uma colaborar para a aprendizagem de conceitos matemáticos no Laboratório, mediante a um tratamento didático específicos sobre considerações epistemológicas e contextuais, com o intuito de articular a história com o ensino de Matemática (SAITO; DIAS, 2013). Esses elementos podem fazer com que conceitos abstratos passem a ter um sentido e clareza, de maneira que recorra ao conhecimento de uma época para esse feito.

Metodologia

A adoção de metodologias para o estudo em um caráter mais científico é essencial para a organização e o esclarecimento de aspectos sobre as ações desenvolvidas em alguma prática. Assim sendo, esta seção foi dividida em duas ramificações, de modo que na primeira, nos detemos a dar uma caraterização mais técnica sobre as definições e a categorias em qual nossa pesquisa está alocada e a segunda, delimitando o caminho metodológico trilhado e os materiais utilizados nesse procedimento.

Diante disso, a prática desenvolvida com os alunos do Curso de Licenciatura em Matemática da UECE está integrada a uma pesquisa aplicada que "objetiva gerar conhecimentos para aplicação prática dirigidos à solução de problemas específicos" (PRODANOV; FREITAS, 2013, p. 51). Nesse contexto, consideramos que a abordagem mais apropriada para a investigação seria a de um viés qualitativo, uma vez que nos procedimentos desenvolvidos, utilizamos da interpretação e atribuições dos significados das ações, visando discutir melhor esses elementos nos resultados obtidos (MARCONI, LAKATOS, 2001).

Quanto ao ponto de vista da realização do objetivo da pesquisa, temos que o estudo é considerado descritivo, pois os dados tratados, foram obtidos por meio da observação, registro e análises internas, sem alguma interferência direta, com métodos padronizadas para este feito. Em consequência disso, a respeito dos procedimentos técnicos que foram utilizados, fizemos uma restrição ao uso da pesquisa-ação em que "os pesquisadores e os participantes representativos da situação ou do problema estão envolvidos de modo cooperativo ou participativo" (PRODANOV; FREITAS, 2013, p. 65).

Em relação as questões particulares da realização da prática de aula em uma disciplina, foi realizada uma mediação no Laboratório de Matemática e Ensino da UECE, tendo a presença de seis participantes, dois pós-graduandos e a docente orientadora que acompanhou todo processo. O objetivo da prática consistia em realizar uma medição com o báculo de Petrus Ramus (Figura 1) em uma situação-problema ao contextualizar com elementos históricos as ações mobilizadas nesse percurso.

Figura 1 – O báculo de Petrus Ramus

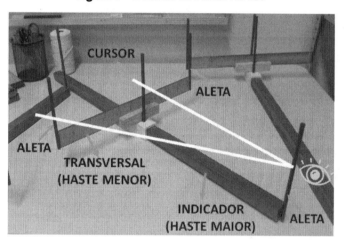

Fonte: Pereira e Saito (2019ª, p. 411).

O báculo de Petrus é considerado um antigo instrumento matemático que foi utilizado entre os séculos XVI e XVII para calcular distâncias como comprimento, altura e largura, visando auxiliar o homem em afazeres da Idade Moderna. Ele dispõe de duas partes principais para o uso, sendo o Indicador (bastão mais longo) e a Transversal (bastão mais curto), que com o auxílio de outras peças (indicadas na Figura 1) movimentava-se de cima para baixo e de um lado para o outro (PEREIRA; SAITO, 2019ª; SILVA; PEREIRA, 2020; SILVA, 2021).

Ao fazer a articulação da função dessas peças, o participante da prática deveria mobilizar elementos específicos dos condicionantes manipulativos do instrumento e fazer relação com a matemática que está incorporada nele, de modo que a realizar a medição proposta na aula. Nesse contexto, o momento com os alunos foi dividido em dois: o primeiro (Ação 1 e a Ação 2) se deteve a uma abordagem teórica sobre o objeto e a explicação das ações a serem desenvolvidas, com o segundo momento (Ação 3 e Ação 4) sendo a medição com o instrumento, conforme a Quadro 1.

Quadro 1 – Síntese de execução da prática laboratorial

	Atividade desenvolvida	Tempo estimado
Ação 1	Apresentação dos mediadores da prática e dos alunos da disciplina.	10 minutos
Ação 2	Comentários sobre a construção, o uso e as questões históricas e contextuais do báculo de Petrus Ramus.	30 minutos
Ação 3	Ação de aplicação prática de uma situação real do comprimento.	50 minutos
Ação 4	Orientações direcionadas para o relatório.	10 minutos

Fonte: Elaborado pelos autores.

Diante do que está descrito no Quadro 1, esclarecemos que as ações preliminares (1 e 2) foram realizadas no espaço físico do Laboratório de Matemática, como uma maneira de acolher e direcionar os alunos para o momento de medição com o báculo de Petrus Ramus, realizado em um espaço externo ao ar livre (3 e 4), para que os estudantes tivessem espaço e explorassem possibilidades no procedimento. Ademais, nessa ação utilizamos o Guia do Aluno como uma forma de orientação para que os participantes complementassem as informações recebidas e que ele auxiliasse na construção do relatório desenvolvido.

Resultados e Discussão

Diante do objetivo da prática extensionista, consideramos relevante fazer um destaque para a etapa de medição física com o báculo de Petrus Ramus por meio de uma situação-problema, desencadeada do estudo sobre manuseio do objeto no momento inicial da aula. Sabendo disso, os alunos deveriam realizar a medição da distância (comprimento) entre duas calçadas, de maneira que fossem respeitados os fatores externos do espaço a ser medido, como também as especificações do instrumento matemático.

Nesse sentido, os alunos foram divididos em duas equipes com três componentes, que receberam um báculo para desenvolver a situação delimitada, com a necessidade de que fossem distribuídos em funções específicas, sendo um membro para segurar e posicionar o báculo de Petrus Ramus, o segundo deveria observar se as regras de uso do objeto estavam sendo cumpridas e auxiliar o terceiro membro no registro de cálculos para encontrarem a medida procurada (Figura 2 e Figura 3). Esse movimento era direcionado pelo Guia do Aluno, que continha orientações básicas para a ação de realizar a medição, como também os aspectos pensados em um momento posterior na construção do relatório.

Figura 2 – A medição do Grupo 1

Fonte: Acevo dos autores.

Figura 3 – A medição do Grupo 2

Fonte: Acevo dos autores.

Durante o momento de medição, os mediadores da prática permaneciam atentos para as ações que os alunos estavam desenvolvendo, de maneira a acompanhar cada movimento feito por eles para conseguirem alcançar o objetivo proposto. Consideramos que nessa etapa, alguns conhecimentos de ordem prática, teórica e matemática foram mobilizados até o encontro da medida final do comprimento, fazendo com que potencialidades didáticas emergissem a partir de tais conceitos.

Tal movimento permitiu que alguns elementos matemáticos fossem identificados no processo de medição, uma vez que com o relatório proposto, os estudantes conseguiram assinalar em cada parte do instrumento a sua função, como também o uso do conceito para a concretização da forma de medir. Ademais, isso refletiu na compreensão de como o báculo de Petrus Ramus foi visualizado, nos garantindo se sua funcionalidade foi utilizada de maneira adequada.

Pensando nesse processo, observando o contexto brasileiro da sala de aula na contemporaneidade em relação as abordagens de ensino para a apropriação do conteúdo matemático, observamos que a Base Nacional Comum Curricular (BNCC) é um documento que vem guiando os professores sobre o currículo a ser ministrado na Educação Básica, dividindo-o em competências e habilidades para a aprendizagem escolar (BRASIL, 2018).

94 ENSINO DE CIÊNCIAS E MATEMÁTICA

A partir disso, selecionamos algumas considerações que foram observadas nos relatórios dos participantes, de modo dar destaque para os conhecimentos matemáticos que foram elencados por eles e a respectiva ação que foi tratada como potencialidade didática. Além disso, fizemos relações com algumas habilidades da BNCC que podem ser contempladas nesse movimento, direcionando a abordagem de tratamento do conteúdo matemático em sala de aula por meio do antigo instrumento matemático, que foram sintetizadas no Quadro 2.

Quadro 2 – Síntese de execução da prática laboratorial

CONTEÚDO MATEMÁTICO		POTENCIALIDADE/AÇÃO
I	Perpendicularidade	"O modo como se posiciona o Indicador do báculo de Petrus Ramus em relação a grandeza medida". (PARTICIPANTE 1)
	HABILIDADE/BNCC	(EF06MA22) Utilizar instrumentos, como réguas e esquadros, ou softwares para representações de retas paralelas e perpendiculares e construção de quadriláteros, entre outros (BRASIL, 2018, p. 303).
II	Paralelismo	"O modo como se posiciona a Transversal do báculo de Petrus Ramus em relação a grandeza". (PARTICIPANTE 3)
	HABILIDADE/BNCC	(EF06MA22) Utilizar instrumentos, como réguas e esquadros, ou softwares para representações de retas paralelas e perpendiculares e construção de quadriláteros, entre outros (BRASIL, 2018, p. 303).
III	Semelhança de Triângulos	"A etapa da formalização e esquematização matemática na construção de objetos geométricos". (PARTICIPANTE 5)
	HABILIDADE/BNCC	(EF09MA12) Reconhecer as condições necessárias e suficientes para que dois triângulos sejam semelhantes (BRASIL, 2018, p. 317).
IV	Razão e Proporção	"A utilização de cálculos aritméticos para encontrar a medida procurada" (PARTICIPANTE 4).
	HABILIDADE/BNCC	(EF09MA07) Resolver problemas que envolvam a razão entre duas grandezas de espécies diferentes [...] (BRASIL, 2018, p. 317).

Fonte: Elaborado pelos autores.

A partir da organização do Quadro 2, um dos conteúdos matemáticos que foram observados pelos participantes da prática está relacionado com o conceito de Perpendicularidade, que foi observado no posicionamento do Indicador em relação a grandeza a ser medida, sendo essa uma condição que tem de ser garantida pelo usuário do báculo de Petrus Ramus para que o instrumento se mantenha reto, sem nenhuma inclinação. Esse pensamento, contempla a premissa pregada pela BNCC na apropriação da habilidade EF06MA22.

O movimento de posicionar a Transversal, permitiu que outros conceitos viessem à tona no processo formalização matemática da medição de comprimento. Um deles está relacionado com a esquematização do desenho da medição no relatório, que permitiu a construção de retas paralelas no cálculo da Semelhança de Triângulos, em que os alunos tiveram que reconhecer as condições necessários para a obter a formação de figuras semelhantes. Essa questão teve implicações no cálculo para encontrar a medida final, em que foi preciso uma atenção para as grandezas que estavam sendo utilizadas, de modo que fosse feito a atribuição corretas dos valores para realizar a proporção desejada.

Ao fazer relação dessas ações na medição física com o que foi descrito no relatório dos participantes, conseguimos perceber que as orientações que foram passadas, junto a um estudo inicial do báculo de Petrus Ramus, serviram de base para eles seguirem a situação-problema que foi delimitada. Essas ações tiveram um encadeamento lógico que foi distribuído nas etapas de medição, fazendo com o que alguns conhecimentos matemáticos fossem mobilizados e tratado para o uso dos estudantes em processo formativo.

Ademais, percebemos que esses movimentos tiveram uma relação convergente com as habilidades da BNCC, servindo como um indicador de que com a intencionalidade direcionada, o professor pode levar recursos históricos para a sala de aula como uma forma de complementar a abordagem tradicional de dar aula. Esse amparo em uma base curricular, permite a formalização desses antigos instrumentos matemáticos como possibilidades didáticas a serem inseridas nas modalidades de ensino.

Considerações Finais

O desenvolvimento da prática de ensino na graduação, nos permitiu articular um recurso histórico (o báculo de Petrus Ramus) como um material manipulativo, de modo que ele fosse explorado em um momento interno e outro externo ao Laboratório de Matemática. Assim sendo, ao refletir sobre esse lugar como espaço formativo para professores, temos que muitas potencialidades podem ser mobilizadas no que se refere ao ensino e a aprendizagem.

Diante disso, ao estabelecer um olhar sobre o báculo de Petrus como recurso didático, percebe-se a relevância que ele tem para articulação da história com o ensino de Matemática, sendo mais uma abordagem a ser apresentada a formação de professores, de modo a se ter implicações nas modalidades de educação. Consideramos que o antigo instrumento matemático ainda possui outras vias de exploração, que depende de uma intencionalidade a direcionada.

Com a aplicação física do instrumento matemático, conseguimos estabelecer um paralelo entre as concepções teóricas e práticas, de modo que os participantes explorassem esses aspectos nos grupos formados, para que solucionassem o problema utilizando os conhecimentos matemáticos que estavam disponíveis como orientava a guia do aluno. Esse processo, permitiu que os ministrantes contextualizassem os conhecimentos utilizados, a fim de que os alunos não fossem anacrônicos.

Alinhando a isso, com o trabalho em grupo, o desenvolvimento de relações intelectuais e interpessoais pode ser explorado, de modo a se ter a mobilização dos conhecimentos matemáticos, que junto dos relatórios observados, nos fez relacionar as ações com as habilidades presentes na BNCC, pondo em evidência a possibilidade de integrar o recurso histórico a sala de aula na Educação Básica, não perdendo de vista o rigor curricular.

Dessa forma, consideramos que a prática de medição, fez com que o campo de visão dos pesquisadores fosse ampliado para questões específicas relacionadas a organização de momentos futuros com o báculo de Petrus Ramus. Assim sendo, temos a pretensão de executar novas aplicações, a fim de ter uma apropriação melhor das ações que necessitam de uma reforma para serem aplicadas em outro momento para a continuação da pesquisa a nível de pós-graduação.

Referências

BRASIL. Ministério da Educação. Secretaria da Educação Básica. **Base Nacional Comum Curricular**. Brasília, 2018.

MARCONI, M. de A.; LAKATOS, E. M. **Metodologia do trabalho científico**. 6ª ed. São Paulo, SP: Atlas, 2001.

LORENZATO, Sérgio. Laboratório de ensino de matemática e materiais didáticos manipuláveis. In: LORENZATO, S (Org.). **O Laboratório de Ensino de Matemática na Formação de Professores**. Campinas, SP, Autores Associados, 2012. P. 57-76.

OLIVEIRA, Zaqueu Vieira; KIKUCHI, Luiza Maya. O laboratório de matemática como espaço de formação de professores. **Cadernos de Pesquisa**, São Paulo, v. 48, n. 169, p. 802– 829, 2018.

PEREIRA, A. C. C.; OLIVEIRA, G. P. O ambiente remoto como ferramenta promotora de práticas laboratoriais no Ensino de Trigonometria em Cursos de Licenciatura em Matemática. **Revista Prática Docente**, [S. I.], v. 6, n. 2, p. e027, 2021.

PEREIRA, A. C. C.; SAITO, F. A reconstrução do Báculo de Petrus Ramus na interface entre história e ensino de Matemática. **Revista Cocar**, Belém, v. 13, n. 25, pp. 342-372, 2019a.

PEREIRA, A. C. C.; SAITO, F. Os conceitos de perpendicularidade e de paralelismo mobilizados em uma atividade com o uso do báculo (1636) de Petrus Ramus. **Educação Matemática Pesquisa**. São Paulo, v. 21, n. 1, p. 405-432, 2019b.

PEREIRA, A. C. C.; VASCONCELOS, C. B. Construindo uma proposta pedagógica por meio de materiais manipulativos: Apresentando a fatoração algébrica estudada no LABMATEN/UECE. In: PEREIRA, A. C. C. **Educação matemática no Ceará: os caminhos trilhados e as perspectivas**. Fortaleza: EdUECE, 2015. P. 10-30.

PRODANOV, Cleber Cristiano; FREITAS, Ernani César de. **Metodologia do Trabalho Científico: Métodos e Técnicas da Pesquisa e do Trabalho Acadêmico**. 2. Ed. Novo Hamburgo: Editora Feevale, 2013. 277 p.

98 ENSINO DE CIÊNCIAS E MATEMÁTICA

SAITO, F.; DIAS, M. da S. Interface entre história da Matemática e ensino: uma atividade desenvolvida com base num documento do século XVI. **Ciência & Educação**, Bauru, v. 19, n. 1, p.89-111, mar. 2013.

SILVA, F. H. B. da. **Sobre os conhecimentos matemáticos a partir da reconstrução do báculo de Petrus Ramus (1515-1572) advindos de uma vivência dos licenciandos em Matemática da UECE**. 2021. 110 f. Trabalho de Conclusão de Curso (Graduação em 2021) – Universidade Estadual do Ceará, Fortaleza, 2021.

SILVA, F. H. B.; PEREIRA, A.C.C. Explorando as situações de medição de comprimento, altura e largura com o uso do báculo de Petrus Ramus. **Revista Brasileira de História, Educação e Matemática (HIPÁTIA)**, São Paulo, v. 5, n.2, p. 398-409, dez. 2020.

SILVA, F. H. B.; PEREIRA, A.C.C. Uma vivência prática a partir de uma medição experimental na disciplina de Laboratório de Ensino de Geometria da UECE. In: Anais do 2º Simpósio de Ensino em Ciências e Matemática do Nordeste. **Anais...** Fortaleza (CE) UFC, 2022.

SILVA, F. H. B.; PEREIRA, A. C. C.; BATISTA, A. N. S. Alguns saberes docentes adquiridos em uma discussão sobre a medição de profundidade com o báculo de Petrus Ramus. **Boletim Cearense de Educação e História da Matemática**, Fortaleza, v. 8, n. 23, p. 1219–1235, 2021.

TARDIF, Maurice. **Saberes docentes e formação profissional**. 11. Ed. Petrópolis, RJ: Vozes, 2010.

O TRABALHO SOB A PERSPECTIVA DA DIDÁTICA PROFISSIONAL: UM ESTUDO DIRECIONADO A ANÁLISE DA ATIVIDADE DO PROFESSOR DE MATEMÁTICA

Maria Graciene Moreira dos Santos
Francisco Régis Vieira Alves
Francisco José de Lima

Resumo

A presente pesquisa se consubstancia em uma investigação de cunho bibliográfico, que visa apresentar como a Didática Profissional tem se dedicado à análise da atividade para o desenvolvimento de competências laborais. De modo específico, daremos ênfase a atividade do professor de matemática. Tratando-se desse campo de atuação, apresentamos o conceito de Situação Didática Profissional, sendo esta composta a partir da complementaridade entre a Didática Profissional e a Teoria das Situações Didáticas. A Situação Didática Profissional é direcionada à formação e o desenvolvimento de competências profissionais do professor de matemática. A realização dessa pesquisa se justifica por compreender a necessidade de oferecer uma proposta formativa no seio da prática profissional, bem como, enfatizar as implicações inerentes a análise do trabalho a partir dos três planos de atuação: o plano de sala de aula, o plano do posto de trabalho e o plano geral da instituição de ensino. A partir deste estudo, procuramos colaborar para o enriquecimento da formação inicial e continuada do professor de matemática e, consequentemente, o desenvolvimento de competências profissionais.

Palavras-chave: *Competência Profissional, Situações Didáticas Profissionais, Análise do Trabalho.*

Introdução

Após um cenário de mudanças nas relações de trabalho ocorridas nas últimas cinco décadas, marcando o rompimento de um viés behaviorista e um pragmatismo tayloriano, surge na década de 90 a Didática Profissional (DP), tendo como uma das principais características compreender o processo de desenvolvimento profissional in loco.

Pastré, Mayen e Vergnaud (2006) destacam que a DP surge em um cenário de convergência entre as contribuições de três vertentes europeias de estudos, assumindo interesse pelo processo formativo e a aprendizagem do profissional no ambiente de trabalho. Assim, a DP tem interesse na forma como ocorre a aprendizagem nas atividades.

Com base nisso, este trabalho visa apresentar a vertente francesa Didática Profissional, sendo esta essencial para a formação dos professores de Matemática, que tem ganhado espaço diante das pesquisas brasileiras, baseada nos trabalhos de Alves (2018, 2019), Alves e Catarino (2019), Alves e Jucá (2019) e Santos e Alves (2022).

Nesse contexto, levando em consideração o professor de Matemática, e buscando implicações e repercussões para a análise de sua atividade, destacamos os três planos de atuação desse profissional, subsidiado nos trabalhos de Alves (2018, 2019, 2020), os quais têm relação direta com a noção de competência profissional do professor de matemática.

Para o desenvolvimento deste trabalho, adotamos a pesquisa de cunho bibliográfico, uma vez que esta tem a finalidade de aprimoramento e de atualização do conhecimento, através de uma investigação cientifica em obras já publicadas (GIL, 2002; MARCONI; LAKATOS, 2003).

Nas seções subsequentes, apresenta-se uma discussão teórica acerca da complementaridade entre a Teoria das Situações Didáticas (TSD) e a Didática Profissional (DP), a análise do trabalho realizada pela Didática Profissional, dando ênfase a como ocorre a análise da atividade do professor de matemática em seu lócus laboral, a discussão a respeito dos planos de atuação do professor e da situação Didática Profissional e, por fim, as considerações finais.

Complementaridade entre Teoria das Situações Didáticas e Didática Profissional

A Teoria das Situações Didáticas (TSD) foi desenvolvida na França por Brousseau, na década de 70. Seu interesse concentra-se na investigação do trinômio professor-aluno-saber (ALVES, 2016). A TSD consiste em um modelo teórico de ensino, estruturado a partir de uma situação didática que, por sua vez, proporciona um meio (milieu) que fornece condições para a aprendizagem do estudante, a partir da construção do conhecimento de forma autônoma. A situação didática deve ser elaborada pelo professor e desenvolvida no lócus da sala de aula e a aprendizagem se consolida diante das interações envolvendo os três personagens do trinômio didático anteriormente citado.

A Didática Profissional (DP), também de origem francesa, teve sua gênese na década de 90. Trata-se de uma vertente que tem interesse pelo desenvolvimento e aprendizagem dos adultos e se utiliza da análise do trabalho, no intuito de construir dispositivos para a formação, visando a competência profissional (PASTRÉ, 2011). Para a análise do trabalho, a DP concentra-se nas situações profissionais. Baudouin (1999) apresenta os elementos que compõem o cenário de análise laboral e formação profissional, formado pelo quatriênio atividade-situação-aprendiz-formador.

Mayen (2012, p. 62) destaca que, as situações profissionais são: "a) o que os profissionais ou futuros profissionais estão lidando, b) o que eles têm que fazer (encontrar uma maneira de realizar as tarefas, resolver todos os tipos de dificuldades) no sentido de que têm de suportar e adaptar-se a ela".

A noção de Situação Didática Profissional (SDP), por sua vez, se consubstancia da confluência entre os conceitos de situação didática e situação profissional. Estes conceitos são destacados no trabalho de Alves e Catarino (2019), conforme exposto no Quadro 1:

ENSINO DE CIÊNCIAS E MATEMÁTICA

Quadro 1 – Conceitos de SD, SP e SDP.

Situações Didáticas (SD)	Situações Profissionais (SP)	Situações Didáticas Profissionais (SDP)
É uma situação que descreve o ambiente didático do aluno, compreende tudo que se dedica a ensinar alguma coisa. Neste sentido, ele entende o professor, se ele se manifesta durante o desenvolvimento da situação ou não.	Conjunto de situações profissionais características, fundamentais e determinantes para a aquisição de um conhecimento situado no plano de atuação institucional (escolar), diante de tarefas oficiais, exigências de documentos normativos e determinantes do seu ofício e que deriva de um perfil de docente requerido pela sociedade.	Conjunto de situações ou situação característica, fundamental para o exercício efetivo do ofício do professor. Envolve elementos afeitos à modelização e teorização visando antever determinados obstáculos para a atividade sala de aula, para a atividade profissional no posto de trabalho e na própria instituição.

Fonte: Alves e Catarino (2019, p. 124).

Alves (2018) pontua que uma SDP é derivada e influenciada pela noção de ambas as situações destacadas no Quadro 1. Podemos pensar em uma SDP, quando referenciamos um momento visando a modelização de situações de aprendizagem para professores de matemática. O autor ainda enfatiza que a adaptação do professor ao ambiente de trabalho é condição importante para a construção de suas habilidades e competências profissionais.

Buscando compreender a aprendizagem do professor diante de vivências em seu ambiente profissional, buscamos destacar nas seções seguintes como ocorre a análise do trabalho pelos pressupostos da Didática Profissional e as implicações para o trabalho do professor de matemática.

Análise do trabalho segundo os pressupostos da Didática Profissional

A análise do trabalho na Didática Profissional (DP) baseia-se em três definições: os conceitos pragmáticos, a estrutura conceitual de uma situação e o modelo operacional. Para Pastré (2002), os conceitos pragmáticos surgem da análise das situações feitas pelos próprios operadores, bem como estar sujeito ao nível de conceituação que este operador demanda.

Tratando-se dos conceitos pragmáticos, Pastré, Mayen e Vergnaud (2006) destacam quanto a estes, características que são fundamentais. Quanto à sua origem, os autores apontam que sua gênese é prática, não sendo apresentada em materiais didáticos e teóricos. Em relação à função destes, são vistos como um organizador da ação do sujeito. E, por fim, outro ponto importante é a dimensão social relacionada a esse conceito, onde os autores destacam que, apesar destes nem sempre serem definidos de maneira explicita, correspondem à organização de uma comunidade profissional.

Os conceitos pragmáticos são aqueles que diante de uma situação fazem referência à ação do profissional. Assim "um conceito pragmático se torna representativo de um campo profissional, mas também de um tipo de estratégias que um ator é capaz de mobilizar" (PASTRÉ, 2002, p. 13).

Referindo-se ao professor, Fontenele e Alves (2021, p. 31) indicam que os conceitos pragmáticos para o ensino se configuram em uma ferramenta capaz de facilitar um "aprendizado profissional bem-sucedido".

A segunda dimensão necessária à análise do trabalho na DP é a estrutura conceitual de uma situação, sendo esta constituída por um conjunto de conceitos pragmáticos. Pastré, Mayen e Vergnaud (2006) declaram que, por menor que seja uma situação, ainda assim é possível identificar os elementos que constituem a sua estrutura conceitual.

O modo como o operador assimila e expõe a criação de um conceito estrutural conceitual nomeia-se de modelo operativo de um profissional, sendo este também um objeto de investigação da DP, ante a análise do trabalho.

Pastré (2012) destaca que o nível de habilidade de um profissional pode ser demonstrado a partir de seu modelo operacional. O autor resume o papel do modelo operacional de um sujeito em três importantes elementos, que possuem relação com as etapas de análise do trabalho:

> Em resumo, o modelo operacional de um ator contém três tipos de organizadores de atividades: um se refere à situação de trabalho; outro se refere ao grupo profissional ao qual o autor pertence; e o último constitui sua assinatura e depende de sua experiência anterior (PASTRÉ, 2012, p. 90).

No excerto anterior, Pastré (2012) apresenta a união entre as demandas que a DP utiliza para a análise do trabalho. A DP propõe essa análise por meio de duas etapas complementares: a primeira, que ocorre através da identificação da estrutura conceitual da situação e de conceitos pragmáticos (sendo estes, organizadores da ação), e a segunda etapa seria por meio da análise do modelo operacional do sujeito profissional.

A DP tem como objetivo intensificar aprendizagem nos adultos e desenvolver competências profissionais, mediante a análise que é feita do trabalho (Pastré, 1999). O que desperta interesse da DP são as situações-problema, pois é através delas que o profissional manifesta sua competência crítica, assim como destaca Pastré, Mayen e Vergnaud (2006, p. 35):

> O fato de conhecer bem os procedimentos relativos a uma profissão é a expressão de suas competências. Mas a competência mais importante, aquela que faz a diferença, consiste em saber dominar as situações que saem da rotina. Para um regulador de prensas de injeção de plásticos, conforme veremos, trocar um molde faz parte de sua competência. Mas é uma tarefa procedimentalizada. Em contrapartida, corrigir defeitos nos produtos é uma tarefa que não pode se reduzir a um conjunto de procedimentos. É preciso fazer um diagnóstico de situação, sobre o funcionamento da máquina, sobre o estado da matéria. Ora, existe uma ligação muito forte entre a resolução de problemas e a aprendizagem: quando não se tem o procedimento para alcançar uma solução, é preciso construí-lo. Então, quando está resolvendo um problema, um operador percebe que é capaz de criar para si mesmo recursos novos, por exemplo ao reorganizar de outra maneira os recursos dos quais já dispõe (PASTRÉ; MAYEN; VERGNAUD, 2006, p. 35).

ENSINO DE CIÊNCIAS E MATEMÁTICA **105**

Fazendo menção à competência profissional, percebe-se que é através dos conceitos pragmáticos manifestados por um sujeito em sua ação que se pode estabelecer o domínio desigual entre profissionais de uma determinada área (PASTRE; MAYEN; VERGNAUD, 2006).

Para estes autores, ao analisar atividades que estabelecem relações entre seres humanos, é fundamental levar em consideração outros fatores que estão relacionados a construção das competências do desenvolvimento da atividade.

Ao considerar as competências manifestados pelo docente, Alves e Jucá, 2019, p. 109) destacam que "a eficiência ou competência do professor se origina da capacidade, cada vez mais tácita de agir e reagir aos incidentes e situações (problemas) escolares erráticos e inéditas".

Para compreendermos as implicações da análise do trabalho e, por meio desta, a competência do professor de matemática, nos aprofundamos nos trabalhos de Alves (2018, 2019, 2020, 2021), que apresentam os três planos de referência para análise da competência do professor de matemática na seção seguinte.

Planos de análise da atividade do professor

Os trabalhos de Alves (2018, 2019, 2020, 2021) apresentam três planos de atuação característicos do professor de matemática, sendo eles: (i) o plano de sala de aula; (ii) o plano do posto de trabalho, e; (iii) o plano geral da instituição de ensino. Tais planos se relacionam de modo direto com as esferas de análise nas quais a Didática Profissional se preocupa. No Quadro 2 apresentamos, com base em Alves e Catarino (2019), uma síntese destes planos:

Quadro 2 – Planos de atuação e campo de descrição de aplicação.

Plano de atuação do professor	Descrição e campo de aplicação
	Conjunto de situações profissionais características, fundamentais e determinantes para a aquisição de um conhecimento profissional pragmático e circunstanciado, e que proporciona, ainda,

Plano da sala de aula	a compreensão e modelização e esquemas de ação e de antecipação do professor mobilizado em sala de aula.
Plano do posto de trabalho	Conjunto de situações profissionais, características, fundamentais e determinantes para a aquisição de um conhecimento, situado e circunstanciado no posto de trabalho, cujo núcleo estruturante envolve um conhecimento pragmático, de ordem deodôntica, essencialmente compartilhado pelos seus pares, e regras (explícitas ou não explícitas) definidas pelo grupo, condicionadas por documentos físicos, oficiais e normativos.
Plano da instituição escolar	Conjunto de situações profissionais características, fundamentais e determinantes para a aquisição de um conhecimento técnico situado no plano de atuação institucional (e escolar), diante de tarefas oficiais, exigências de documentos normativos, regras e determinantes do seu ofício e que deriva de um perfil de docente requerido pela sociedade.

Fonte: Alves e Catarino (2019, p. 118-119).

Para compreender a aprendizagem e o desenvolvimento de um profissional, não podemos desconsiderar o seu ambiente de atuação. Desse modo, tratando-se do professor, devemos levar em conta esses três planos, que dão origem a três binômios de observação e ação, e possuem relação direta com a noção de competência do professor de matemática: professor-estudante, professor-professores e professor-instituição de ensino (ALVES; CATARINO, 2019), sendo estes considerados binômios de referência da Situação Didática Profissional (SDP).

Alves e Catarino (2019) trazem uma síntese do que cada plano deve alcançar. No plano (i), que envolve a relação professor-estudante, os autores consideram que os professores, diante das situações decorridas no trabalho, devem dominar, além dos conhecimentos epistêmicos (saber matemático), o conhecimento profissional pragmático. Esse binômio se preocupa com fatores como os obstáculos, os objetivos e as necessidades que envolvem a relação entre o professor e o aluno.

O plano (ii) faz menção à relação professor-professores. Aqui são considerados juízos pragmáticos transmitidos através da relação interpessoal com o grupo de professores, característicos de um determinado trabalho. Por fim, o plano (iii), que se trata da relação professor-instituição de ensino considera o reconhecimento do papel da profissão e os documentos normativos.

Ainda na concepção desses autores, a Situação Didática Profissional é organizada com vistas a proporcionar "situações de aprendizagem para professores de matemática em formação (inicial ou continuada), quer sejam no plano de sala de aula, quer seja em seu posto de trabalho e, ainda no sistema de ensino escolar" (ALVES; CATARINO, 2019, p. 115). Na seção subsequente damos ênfase às Situações Didáticas Profissionais e sua abordagem no contexto da formação docente.

Situação Didática Profissional

No cenário educacional, a análise do trabalho pode acontecer por meio das Situações Didáticas Profissionais (SDP), como proposto em Alves (2018). A noção de SDP está ligada à compreensão do processo de aprendizagem do professor de matemática diante da vivência de situações profissionais. Alves (2018) utiliza a equação SDP=UT+DP para definir a noção de SDP, onde temos:

Quadro 3 – Elementos da sigla SDP

SDP	UT	DP
Situação didática Profissional	Unidade de Trabalho	Didática Profissional

Fonte: Adaptado de Alves (2018).

Assim, a SDP é definida em Alves (2019, p. 269) por um conjunto de situações características fundamentais para a atividade do professor, as quais, "envolvem elementos afeitos à modelização e teorização, visando antever determinados obstáculos para a atividade sala de aula, para a atividade profissional no posto de trabalho e na própria instituição". O autor ainda discorre que a equação apresentada visa "objetivar uma situação didática, modelando um conjunto de situações capazes de fornecer a gênese de concepções pragmáticas e conhecimentos intimamente derivado de tarefas fundamentais e intrínsecas da profissão do professor de matemática" (p. 269).

A equação da SDP está relacionada à interação que envolve o professor em formação (aluno), o professor (formador) e o conhecimento pragmático demonstrado diante desta. Essas SDPs são fundamentais ao processo formativo do professor, sendo consideradas em sua concepção a mobilização e a teorização de obstáculos intrínsecos à sala de aula, isto é, os conhecimentos epistêmicos e pragmáticos, essenciais para o desenvolvimento da prática do professor.

Segundo Pastré (2002), os conceitos pragmáticos são aqueles que, diante de uma situação, fazem referência à ação do profissional. Logo, a noção de conceito pragmático é considerada central para a caracterização da SDP. Um conceito pragmático refere-se a um conjunto de conhecimentos que levam em conta, de modo específico, o docente e os conhecimentos significativos para sua atividade no trabalho.

A manifestação de novos conceitos pragmáticos e/ou a adaptação dos conceitos já existentes é oriunda de obstáculos profissionais encontrados no ambiente de trabalho. Para que estes obstáculos sejam superados, faz-se necessá da utilização de conceitos organizadores da ação. A SDP, no caso, leva em consideração esses obstáculos, tal como as teorias que a alicerçam: a DP (obstáculos profissionais) e a TSD (obstáculos epistemológicos).

Quanto à origem dos obstáculos profissionais, Alves (2018) destaca que estes são intencionados e circunstanciados pelo conhecimento pragmático profissional, sendo manifestados em situações profissionais, delimitados pelo sujeito (profissional) e pelo contexto (social, profissional, técnico), através de seu campo de aplicação e de tarefas.

Diante das discussões apresentadas em torno do campo da análise do trabalho, entende-se que o professor não está limitado ao espaço da sala de aula e às intervenções realizadas nesta. As SDPs podem estar relacionadas aos três planos de análise do trabalho do professor de matemática, visto que são complementares e inter-relacionados.

A partir disto, a concepção de uma SDP origina-se na identificação de obstáculos profissionais no seio da vivência de situações profissionais que estruturam a formação, a identificação e a construção dos conceitos pragmáticos do sujeito, o que culmina na ideia de competência profissional (PASTRÉ, 2004).

Logo, pode-se pensar em uma SDP quando referenciamos um momento visando a modelização de situações de aprendizagem para professores de matemática em formação.

Considerações Finais

Como mencionado nas seções predecessoras, a Didática Profissional tem interesse pelo desenvolvimento de adultos ao longo de sua vida profissional, perspectivando, assim, a construção de experiências a partir do trabalho e a obtenção de uma variedade de recursos cognitivos.

Assim, abordamos elementos relacionados à análise do trabalho a partir de um viés de análise apoiado nessa vertente de pesquisa. E como o público-alvo deste trabalho é o professor de matemática em formação, dedicamos maior atenção a análise relativa aos planos de atuação desse profissional.

Por fim, vale ressaltar que o campo de pesquisa relacionado à análise da atividade do professor e o uso de Situações Didáticas Profissionais voltadas para a sua formação ainda é escasso no Brasil. Logo, consideramos de fundamental importância a ampliação e o desenvolvimento de pesquisas nesta área, no intuito de agregar à formação destes profissionais.

Referências

ALVES, F. R. V. Didática da Matemática: Seus pressupostos de ordem epistemológica, metodológica e cognitiva. **Interfaces da Educação**, v. 7, n. 21, p. 131-150, 2016.

ALVES, F. R. V. Didactique professionnelle (DP) et la théorie des situtions didactiques (TSD): 110onhec de la notion d'obstacle et l'activité de professeur. **Em Teia: Revista de Educação Matemática e Tecnológica Iberoamericana**, v. 9, n. 3, p. 1-26, 2018.

ALVES, F. R. V. A vertente francesa de estudos da Didática Profissional: implicações para a atividade do professor de matemática. **Vidya**, v. 39, n. 1, p. 255-275, 2019.

ALVES, F. R. V.; CATARINO, P. M. M. Situação Didática Profissional: um exemplo de aplicação da Didática Profissional para a pesquisa objetivando a atividade do professor de Matemática no Brasil. **Indagatio Didactica**, v. 11, n. 1, p. 103-129, 2019.

ALVES, F. R. V.; JUCÁ, S. C. S. Trabalho e competência do professor de Matemática: um ponto de vista a partir da Didática Profissional. **Revista Multidisciplinar em Educação**, v. 6, n. 14, p. 103-123, 2019.

ALVES, F. R. V. Didactique Professionnelle (Didaprof): repercussão para a pesquisa em torno da atividade do professor de matemática. **Revista Paradigma**, v. 16, n. 1, p. 1-54, 2020.

ALVES, F. R. V.; ACIOLY-RÉGNIER, N. M. Comunicação no ensino, na aprendizagem e na atividade profissional do professor de Matemática: implicações da Didática Profissional (DP). **Revista de investigácion educativa de la Rediech**, v. 12, 2021.

BAUDOUIN, J. M. La competénce et le théme de l´acitivité: vers une nouvelle conceptualization didactique de la formation. **Raison éducative**, v. 2, n. 2, p. 149-168, 1999.

FONTENELE, F. F. C.; ALVES, F. R. V. A Pesquisa em Didática Profissional no Brasil e o Cenário Atual da Análise do Trabalho do Professor de Matemática. **Paradigma**, v. 42, n. 1, 2021.

GIL, A. C. **Como elaborar projetos de pesquisa**. São Paulo, SP: Atlas, 2002.

LAKATOS, E. M.; MARCONI, M. A. **Fundamentos de Metodologia Científica**. São Paulo: Atlas, 2003.

MAYEN, P. Les Situations Professionnelles: un point de vue de didactique professionnelle. **Revue Phronesis**, v. 1, n. 1, p. 59-67, 2012.

PASTRÉ, P. L'analyse du travail em didactique professionnelle. **Revue française de pédagogie**, v. 138, p. 9-17, 2002. DOI: https://doi.org/10.3406/rfp.2002.2859

PASTRÉ, P. Les compétences professionnelles et leur développement. **La Revue de la CFDT**, p. 3-10, 2004.

PASTRÉ, P.; MAYEN, P.; VERGNAUD, G. La didactique professionnelle. **Revue française de pédagogie**, v. 154, p. 145-196, 2006.

PASTRÉ, P. La Didactique Professionelle. **Education, Sciences & Society**, v. 2, n. 1, p. 83-95, 2011.

PASTRÉ, P. La didactique professionnelle: um point de vue sur la formation et la professionnalisation. **Education sciences & Society: competenza e professionalità**, p. 83-95, 2012.

SANTOS, M. G. DOS.; ALVES, F. R. V. O processo de formação do professor de matemática: complementaridade entre Didática da Matemática e Didática Profissional. **Revista de História Da Educação Matemática**, v. 8, p. 1-18, 2022.

FORMAÇÃO DE PROFESSORES E EXPERIMENTOS PRÁTICOS: INTEGRANDO CONCEITOS DE TERMOLOGIA E ARDUINO PARA APRIMORAR O ENSINO DE FÍSICA

Davy Mororó Ximenes
Willana Nogueira Medeiros Galvão
Gilvandenys Leite Sales

Resumo

O ensino de Física na educação contemporânea é frequentemente considerado desatualizado em termos de conteúdos e tecnologias, apresentando uma abordagem comportamentalista centrada no docente e focada apenas no treinamento para provas. Neste contexto, a aplicação de experimentos pode se mostrar uma estratégia efetiva para auxiliar os estudantes a compreender os conceitos de Física. Atualmente, a tecnologia desempenha um papel fundamental nesses experimentos, tornando-os mais acessíveis, tornando-os mais acessíveis, sem necessariamente ficarem limitados a laboratórios ou envolverem equipamentos complexos. Além disso, é fundamental que os professores sejam capacitados durante a sua formação inicial no uso de tecnologias (alfabetização tecnológica) para que possam formar os jovens para a vivência de novos espaços de comunicação e produção. O objetivo deste estudo é investigar a eficácia da inclusão tecnológica na formação de professores de Física em relação aos conceitos associados às tecnologias digitais, especificamente na área de Termologia. A pesquisa foi realizada por meio de uma metodologia descritiva de abordagem mista, com elementos quantitativos e qualitativos. Os participantes do estudo foram alunos do curso de Licenciatura em Física do Instituto Federal de Educação, Ciência e Tecnologia do Ceará (IFCE), campus Fortaleza. Os resultados indicam que a inclusão tecnológica na formação de professores de Física é fundamental para o aprimoramento do ensino de conceitos relacionados às tecnologias digitais.

Palavras-chave: *ensino de Física, formação de professores, Arduino.*

Introdução

O ensino de Física na educação contemporânea, muitas vezes, é considerado desatualizado em termos de conteúdos e tecnologias, centrando-se no docente e apresentando uma abordagem comportamentalista, focada apenas no treinamento para provas. Além disso, a Física é vista como uma ciência acabada, tal como apresentada em um livro didático, deixando de lado as discussões e questionamentos que são fundamentais para o desenvolvimento científico (MOREIRA, 2017).

Por essa razão, as aulas de Física muitas vezes se tornam monótonas e cansativas, o que facilita a dispersão da atenção dos alunos (GORGES, DUMS e MENDONÇA, 2022). Além disso, os conteúdos de Física exigem dos alunos certo nível de abstração, o que pode dificultar a aprendizagem dos educandos.

Neste sentido, o uso de experimentos pode ser uma estratégia eficaz para auxiliar na compreensão dos conceitos de Física. Segundo Binsfeld e Auth (2011), a experimentação é uma ferramenta didática importante para tornar os conceitos significativos para os alunos. As atividades experimentais também são aliadas dos professores, uma vez ajudam a reter a atenção dos alunos e facilitam a compreensão dos conceitos abstratos. Desta forma, é fundamental investir na formação dos professores para que eles possam utilizar a experimentação como uma estratégia de ensino eficaz e integrar as tecnologias educacionais em suas práticas pedagógicas.

De acordo com Praia, Cachapuz e Gil-Pérez (2002), as concepções de ciência dos professores influenciam diretamente no modo como ensinam. Por isso, torna-se crucial criar oportunidades para que os professores possam conhecer as principais concepções em ciência, refletir sobre elas, discuti-las, confrontá-las e aprofundar as suas próprias concepções. Essa reflexão pode ajudar na escolha de estratégias, métodos e procedimentos a serem adotados no trabalho docente.

Nessa perspectiva, é importante destacar que a falta de laboratórios, muitas vezes, é utilizada como uma justificativa para a dificuldade de ensinar Física. Entretanto, isso parece estar mais relacionado ao conhecimento, ou falta dele, dos professores, do que à carência de alternativas práticas para o desenvolvimento da disciplina. Os educadores possuem diversas possibilidades de proporcionar momentos experimentais aos alunos, o que pode ser fundamental para melhorar o aprendizado e tornar as aulas mais dinâmicas e interessantes. (MELO; CAMPOS; ALMEIDA, 2015).

A inclusão tecnológica é essencial para que os professores possam formar os jovens para a vivência de novos espaços de comunicação e produção. Isso significa que os profissionais da educação precisam estar preparados para atuar no mundo digital, caso contrário, suas práticas pedagógicas ficarão defasadas em relação às dinâmicas do ciberespaço (BONILLA, 2009). Neste contexto, surge a seguinte questão: Como promover a alfabetização tecnológica na formação de professores de Física, de forma a capacitá-los a trabalhar conceitos da área associados às tecnologias digitais?

Neste sentido, este estudo tem como objetivo investigar a efetividade da inclusão tecnológica na formação de professores de Física em relação aos conceitos da área associados às tecnologias digitais, com foco na área de Termologia. A importância desta pesquisa está na necessidade de preparar os professores para a realidade atual, em que as tecnologias digitais desempenham um papel fundamental na educação e na sociedade como um todo. A investigação buscará compreender como essa associação pode contribuir para a formação de professores mais capacitados e aptos a lidar com as demandas da contemporaneidade.

Fundamentação Teórica

A evolução do mundo tecnológico exige dos profissionais, como os professores, a habilidade de lidar com sistemas e ferramentas digitais, a fim de conduzirem aulas que reflitam o nosso contexto contemporâneo. Para isso, é necessário preparar os jovens alunos para atuarem em uma sociedade em constante mudança, na qual surgem novas profissões e tecnologias a todo momento (BRASIL, 2018). De acordo com Costa et al. (2019), esse é um dos grandes desafios das instituições de ensino no século XXI: atender às necessidades sociais, como o domínio das tecnologias, a autonomia intelectual e a polivalência dos funcionários.

Segundo Brasil (2021), a Base Nacional Comum Curricular (BNCC) abrange o desenvolvimento de habilidades e competências relacionadas ao uso crítico e responsável de tecnologias digitais. O documento inclui competências gerais, como a quarta e a quinta, que fomentam a aprendizagem por meio de recursos tecnológicos, visando assegurar a qualidade da educação e a equidade para todos os estudantes (BRASIL, 2018, p.9).

Salienta-se a importância de que os professores estejam em constante atualização de suas habilidades tecnológicas, a fim de preparar seus alunos adequadamente para o mundo contemporâneo em constante transformação. Além disso, é preciso que as instituições de ensino estejam preparadas para atender às demandas tecnológicas e proporcionar aos alunos um ambiente de aprendizado que estimule a criatividade e a inovação (BRASIL, 2018).

No Brasil, a formação de professores é regulamentada por meio das Diretrizes Curriculares Nacionais (DCN) e da Base Nacional Comum para a Formação Inicial e Continuada de Professores para a Educação Básica (BCN-Formação), ambas estabelecendo três dimensões fundamentadas em documentos internacionais: Conhecimento Profissional, Prática Profissional e Engajamento Profissional (BRASIL, 2019). Tais dimensões proporcionam, aos futuros professores, conhecimento específico sobre o conteúdo a ser ensinado, bem como o método de ensino apropriado e os diferentes contextos pelos quais os alunos aprendem.

A BCN-Formação estabelece dez competências que devem ser desenvolvidas com os futuros professores. Duas dessas competências (a segunda e a quinta) têm como foco a utilização crítica das tecnologias. Além dessas competências gerais, existem as específicas para cada eixo de formação, as quais também dão atenção ao uso das tecnologias. Por exemplo, no primeiro eixo, destaca-se a competência 3.1; no segundo eixo, as competências 1.5, 3.5 e 4.5; e no terceiro eixo, as competências 2.3, 2.4, 3.2 e 4.3 (BRASIL, 2019).

Na segunda dimensão descrita na BNC Formação (Prática Profissional), é recomendado que os professores desenvolvam suas habilidades no planejamento do processo de ensino-aprendizagem e na condução do ensino, garantindo que os alunos adquiram as competências e habilidades necessárias (SOARES et al., 2022).

Uma maneira de tornar o estudo mais significativo é por meio de experimentos didáticos realizados em laboratórios, que conectam os alunos ao seu ambiente social.

É comum acreditarmos que as atividades experimentais devem ser complexas e difíceis de entender, mas de acordo com Almeida (2016), elas devem apresentar conceitos complexos de forma simples e fácil de compreender. Silva et al. (2021) afirmam que essas atividades permitem uma interação mais profunda entre professores e alunos, possibilitando a construção do conhecimento através de investigação crítica e racional. O estudo de Mourão, Silva e Sales (2020) confirma que os alunos que participam dessas atividades apresentam melhor desempenho, reforçando a importância delas para os alunos.

Atualmente, a tecnologia desempenha um papel crucial nos experimentos, tornando mais acessível a criação de conhecimento (COSTA et al., 2019). Os microcontroladores e simuladores são amplamente utilizados em estudos experimentais de baixo custo no ensino de Física, incentivando os alunos e professores a desenvolverem habilidades e conhecimentos em diversas áreas através dessa ferramenta (FETZNER FILHO, 2015).

Vale lembrar que essas atividades práticas não precisam ser restritas a laboratórios ou envolver equipamentos sofisticados, como enfatizado por Borges (2002). Assim, o uso da tecnologia pode ser uma ferramenta complementar para potencializar o aprendizado, incentivando alunos e professores a desenvolverem habilidades e conhecimentos em diversas áreas por meio dessa abordagem.

O ensino de Termologia tem enfrentado desafios por conta da complexidade do assunto, exigindo a capacidade de abstração dos alunos para compreender o conteúdo (LIMA, 2016). Ao apresentar a termologia pela primeira vez, os alunos podem ter dificuldades em compreender os conceitos básicos, como temperatura e calor, que muitas vezes são interpretados como sendo a mesma coisa (YOUNG; FREEDMAN, 2016). Além disso, outro sinal de que esses conceitos não são bem compreendidos é que, apesar de serem capazes de calcular o calor sensível recebido por um corpo ao sofrer uma variação de temperatura, os alunos têm dificuldades em aplicar esses conceitos corretamente para descrever ou analisar fenômenos da vida real (AZEVEDO, 2019). Esses desafios exigem abordagens didáticas criativas e inovadoras, como a utilização de atividades práticas que possam ajudar os alunos a visualizar e compreender melhor os conceitos teóricos.

Durante o decorrer deste capítulo, muito se discutiu sobre as competências e habilidades preconizadas pela BNCC para o ensino de Física. No entanto, até o momento, não foi apresentada a habilidade específica que se deseja trabalhar na área da Termologia. Assim sendo, a habilidade que deverá ser contemplada nessa área da Física é a seguinte:

> (EM13CNT102) Realizar previsões, avaliar intervenções e/ou construir protótipos de sistemas térmicos que visem à sustentabilidade, considerando sua composição e os efeitos das variáveis termodinâmicas sobre seu funcionamento, considerando também o uso de tecnologias digitais que auxiliem no cálculo de estimativas e no apoio à construção dos protótipos. (BRASIL, 2018, p. 555)

Como definição, a Termologia é a área da Física que se dedica ao estudo dos fenômenos relacionados à temperatura e ao calor. Seu nome vem da etimologia grega, que significa "ciência do calor". A mesma se divide em três partes: termometria, calorimetria e termodinâmica (SILVA, 2021).

Face ao exposto, o presente texto focará exclusivamente em dois aspectos da Termologia: escala termométrica e propagação de calor, especificamente, condução de calor.

As escalas termométricas são utilizadas para aferir a temperatura de um sistema. Existem três escalas comumente utilizadas, as quais são: a escala Celsius, principal escala utilizada no Brasil, a escala Fahrenheit, amplamente utilizada nos Estados Unidos e a escala Kelvin, adotada pelo Sistema Internacional de Unidades (SI). As três escalas estão inter-relacionadas, ou seja, é possível converter as medidas de temperatura entre elas.

Ao passo que a condução de calor é o processo de propagação de calor no qual a energia térmica passa de uma partícula ou substância para outra, necessitando estar em contato físico direto. Na condução, a energia cinética dos átomos e moléculas é transferida através das colisões entre átomos ou moléculas vizinhas.

O calor flui das moléculas com maior energia cinética (muito agitadas) para as moléculas com menor energia cinética (pouca agitadas).

Portanto, os experimentos a serem apresentados basearam-se nestes dois temas da Termologia.

Metodologia

Tipo de estudo e local de aplicação

Este estudo foi conduzido como uma pesquisa descritiva de abordagem mista (quantitativo e qualitativo). O intuito desse estudo foi explorar e descrever a efetividade da inclusão tecnológica na formação de professores de Física em relação aos conceitos da área associados às tecnologias digitais, com foco na área de Termologia, entre os alunos do curso de Licenciatura em Física no Instituto Federal de Educação, Ciência e Tecnologia do Ceará (IFCE), campus Fortaleza. Os participantes da pesquisa foram os alunos matriculados na disciplina de Termodinâmica.

Este estudo tem como objetivo investigar a efetividade da inclusão tecnológica na formação de professores de Física em relação aos conceitos da área associados às tecnologias digitais, com foco na área de Termologia.

Etapas da pesquisa

Primeiramente, foi realizada uma pesquisa bibliográfica sobre os pontos fundamentais para a pesquisa, como temperatura, calor e condução térmica, além de experimentação sobre Termologia com Arduino. Durante o semestre letivo, foram ministradas aulas expositivas para trabalhar esses temas, incluindo conceitos e resoluções matemáticas. Na segunda parte da pesquisa, foram realizados dois experimentos no laboratório de Física do Instituto para demonstrar aos alunos a aplicação prática desses conceitos, utilizando tecnologias.

Na primeira aula experimental, apresentou-se um breve contexto a respeito da importância de se utilizar tecnologias no ensino e formar professores capazes de aplicar essas tecnologias na sala de aula. Dessa forma, trabalharam-se os temas "BNCC e BNC-formação" e uma breve introdução sobre a plataforma Arduino.

Em seguida, realizou-se a aplicação do primeiro experimento com a temática Condução de calor, acompanhado por um questionário contendo questões conceituais. O intuito desse experimento foi possibilitar aos alunos a visualização da condução térmica em diferentes metais como cobre, ferro e alumínio. O experimento foi montado conforme a Figura 1, a seguir:

Figura 1 – Experimento de condução de calor com Arduino

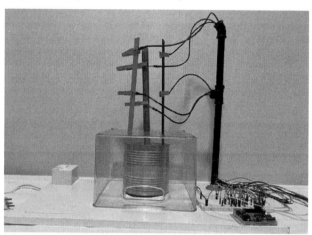

Fonte: Elaborada pelos autores.

Na segunda aula experimental, as atividades foram divididas em dois momentos distintos. No primeiro momento, foi trabalhada a programação do sensor LM35, com o objetivo de introduzir a lógica de programação aos alunos. Nessa etapa, os estudantes puderam aprender sobre como programar o sensor para realizar a medição da temperatura.

No segundo momento, a turma foi dividida em duas equipes. A primeira equipe ficou responsável por medir a temperatura e construir um gráfico de Temperatura pelo Tempo, utilizando a escala Celsius. Já a segunda equipe teve a mesma tarefa, mas com o diferencial de trabalhar com a escala Fahrenheit. Após a prática, foi aberto um espaço para discussão dos resultados que cada equipe obteve. O intuito desse experimento foi possibilitar aos alunos compreendessem de forma colaborativa os conceitos de temperatura e calor. O experimento foi montado conforme a Figura 2.

Figura 2 – Experimento sobre escalas termométricas com Arduino

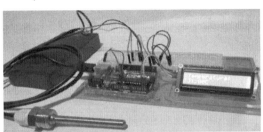

Fonte: Elaborada pelos autores.

Em seguida, os alunos responderam as cinco questões conceituais relacionadas à temática do experimento. Essas perguntas foram elaboradas para avaliar o conhecimento adquirido pelos estudantes durante as atividades experimentais e verificar se os objetivos de aprendizagem foram alcançados.

Cada atividade teve um valor máximo de 2,5 pontos, em que as respostas corretas VER valeram 0,5 ponto, as respostas parcialmente corretas (+/-) valeram 0,25 ponto, e as respostas incorretas (E) ou nulas (N) não receberam pontuação. Segue abaixo o Quadro 1 contendo as questões que foram utilizadas durante as aulas experimentais.

Quadro 1 – Questionário utilizado nas práticas experimentais

	Condução térmica	**Termometria**
Questão 1	O que é calor?	O que é temperatura e como ela é medida?
Questão 2	A vespa gigante Vespa (Mandarinia japônica) alimenta-se de abelhas japonesas. Entretanto, se uma vespa tenta invadir uma colmeia, centenas de abelhas formam uma bola compacta em torno da vespa. A vespa morre em menos de 20 minutos, embora as abelhas não a piquem, mordam, esmaguem ou sufoquem. Sendo assim, por que a vespa morre?	O que é o equilíbrio térmico e como ele é alcançado?

Questão 3	Alguns pesquisadores especulam que uma pessoa poderia se aventurar no espaço por um breve tempo sem um traje espacial (como fez um astronauta no filme 2001: Uma Odisséia no Espaço) e sobreviver. Se a aventura acontecesse longe do Sol, o astronauta sentiria frio? Existem outros riscos para o astronauta além da falta de oxigênio?	Calor e temperatura é a mesma coisa? Justifique a sua resposta. Se não, qual a relação entre os dois?
Questão 4	Se você encosta o dedo em um pedaço de madeira e em um cano de metal à mesma temperatura, por que o cano parece mais frio? Por que o dedo pode ficar grudado em um cano se ele estiver muito frio? No filme Uma História de Natal, uma das crianças aceita um desafio e lambe um cano gelado, apenas para descobrir que sua língua ficou presa. Eis uma das muitas regras da vida: jamais lamba um cano gelado	Qual a definição de energia térmica? Como a temperatura se relaciona com a energia interna de um sistema?
Questão 5	Por que um café tão quente a ponto de causar queimaduras pode ser bebido (talvez aos pequenos goles) sem nenhum problema? Por que é mais fácil queimar a boca comendo pizza do que tomando sopa à mesma temperatura?	Como a temperatura e a energia interna de um sistema podem afetar o seu comportamento termodinâmico?

Fonte: Elaborado pelos autores.

Na próxima seção, serão discutidas algumas das respostas que foram dadas a essas perguntas e as repercussões das práticas realizadas em sala de aula.

Resultados e Discussões

Os resultados foram divididos em duas etapas: a primeira etapa de forma quantitativa, a qual será apresentada nas tabelas 1 e 2.

Tabela 1 – Resultados dos questionários

	Condução térmica					Termometria				
Questões	1	2	3	4	5	1	2	3	4	5
Aluno 1	C	C	C	C	E	C	C	C	+/-	N
Aluno 2	C	C	C	C	C	C	C	C	C	+/-
Aluno 3	C	C	C	C	+/-	C	C	C	E	+/-
Aluno 4	C	C	C	+/-	E	C	E	C	E	E

Fonte: Elaborado pelos autores.

A tabela 1 apresenta os resultados obtidos pelos alunos nos questionários aplicados durante as aulas práticas. Já a tabela 2, a seguir, mostra as notas obtidas em cada questionário e a nova nota total alcançada pelos alunos.

Tabela 2 – Pontuação dos alunos

Aluno	**Condução Térmica**	**Termometria**	**Total**
1	2,0	1,8	3,8
2	2,5	2,3	4,8
3	2,3	1,8	4,1
4	1,8	1,0	2,8

Fonte: Elaborado pelos autores.

As questões que obtiveram maior índice de acerto foram aquelas que se referiam à definição dos conceitos físicos de ambos os experimentos. Porém, as questões que apresentaram baixo índice de acerto foram aquelas que buscavam analisar e aplicar os conceitos trabalhados nas atividades experimentais.

Com relação à segunda parte dos resultados, que se deu de forma qualitativa, ao acompanhar as aulas teóricas e as aulas experimentais, pode-se visualizar que os docentes tiveram uma postura diferente das aulas experimentais em comparação as aulas teóricas.

Os alunos demonstraram demasiado interesse em participar das aulas experimentais através de questionamentos, sugestões de melhoria dos experimentos e relatos de suas vivências profissionais acerca dos conteúdos ministrados nas atividades. Estes achados corroboraram com os trabalhos de Pinheiro Junior (2022) e Sá (2016), os quais combinaram experimentos de baixo custo associado a tecnologia no ensino de Termologia e constataram grande participação e interação dos estudantes ao decorrer dos experimentos, possibilitando assim a integração dos conceitos com a prática experimental resultando em um aprendizado significativo.

Outro ponto a ser discutido a respeito desse trabalho é a necessidade de desmistificar a ideia de que é preciso ter um laboratório de Física para que os professores tenham a possibilidade de utilizar experimentos em sala de aula. É importante destacar que existem alternativas acessíveis e eficazes que podem ser adotadas pelos docentes. Neste sentido, é relevante mencionar que essa ideia foi desconstruída pelos alunos que participaram deste estudo, os quais tiveram a oportunidade de experimentar diferentes atividades experimentais em sala de aula, sem a necessidade de um laboratório sofisticado (BORGES, 2002).

Um aspecto marcante deste estudo foi a dificuldade dos educandos em definir o conceito de "energia térmica", visualizar a relação entre temperatura e energia interna e explicar como isso afeta o comportamento termodinâmico de um sistema. Tal dificuldade foi refletida no baixo índice de acerto das questões que abordaram essa temática (questões 4 e 5 do questionário sobre Termometria), tendo como exemplo a resposta do aluno 1 a seguir:

> Energia presente nos corpos em forma de calor. Quando a temperatura se altera é devido a presença de energia (calor) presente neles. A consequência direta é a maior agitação molecular produzindo uma energia cinética nelas e seu somatório gera a energia interna (Aluno 1).

A energia interna é, segundo Hewitt (2015), "O total de todas as energias moleculares, cinética mais potencial, que são internas à substância." Logo, a afirmativa do aluno não está correta, pois a energia interna está ligada diretamente a temperatura e não ao calor.

Uma observação relevante acerca das respostas dos alunos foi que, embora eles não tenham obtido êxito nas questões 4 e 5 sobre Termometria, os mesmos, conseguiram obter êxito na questão anterior, os quais demonstraram clareza ao definir as duas grandezas (calor e temperatura) e diferenciá-las.

Prosseguindo a discussão sobre a relação entre temperatura e energia interna, bem como o seu impacto no comportamento termodinâmico de um sistema, a resposta do aluno 3 foi selecionada para análise adicional, a seguir:

> A temperatura afeta a energia interna de um sistema isolado. Caso a temperatura aumente isso acaba influenciando na fase do objeto em questão (Aluno 3).

A resposta acima foi a única resposta que conseguiu elucidar um dos impactos que as duas variáveis podem influenciar no comportamento termodinâmico de um sistema. Porém, é importante lembrar um outro impacto que eles poderiam ter citado, o qual seria a Lei zero da termodinâmica, assunto esse discutido em sala de aula quando foi abordado o assunto equilíbrio térmico.

Essa dificuldade revela a necessidade de reforçar o ensino desses conceitos, a fim de aprimorar a compreensão dos alunos sobre a lei zero da termodinâmica e seu papel na análise de sistemas físicos, conforme a recomendação da ementa da disciplina Termodinâmica do curso de Licenciatura em Física do IFCE.

Na última discussão, acerca das respostas dos alunos, constatou-se a partir da resposta de um dos alunos a necessidade de reforçar a distinção entre a capacidade térmica e a condutividade térmica, conforme apresentada na resposta do Aluno 4, a seguir:

> O metal tem capacidade térmica maior que a madeira. Portanto, absorve e transfere calor de forma mais eficiente que a madeira. (2) quando o dedo ou a língua entra em contato com o cano frio há transferência de calor do corpo hu-

mano para o corpo mais frio. Devemos levar em consideração que o tecido humano é mais elástico que o metal e por isso fica grudado (Aluno 4).

Acredita-se que houve confusão por parte do aluno entre dois conceitos físicos distintos: a condutividade térmica e a capacidade térmica. Conforme explicado por Silva (2013), a condutividade térmica é a capacidade das substâncias de conduzir calor. Já a capacidade térmica, como descrito por Barros e Almeida (2008), é a quantidade de calor necessária para aumentar a temperatura de um material em 1° C. É importante diferenciar esses conceitos para uma compreensão adequada das propriedades térmicas dos materiais.

Considerações Finais

Considerando as evidências apresentadas, é possível afirmar que o objetivo do estudo foi alcançado ao aproximar os futuros professores das tecnologias aplicadas em experimentos no ensino de Termometria e Calorimetria, destacando os benefícios da experimentação na aprendizagem dos alunos e fornecendo opções de experimentos aplicáveis na área da Termologia. Os resultados deste estudo indicam que a inclusão tecnológica na formação de professores de Física é fundamental para o aprimoramento do ensino de conceitos associados às tecnologias digitais.

Além disso, o estudo buscou fornecer um primeiro contato com a plataforma Arduino associado a questões conceituais, proporcionando uma formação ampla aos participantes e demonstrando aos futuros professores as possibilidades de integração das tecnologias nas práticas educativas com o objetivo de trabalhar conteúdos conceituais. Dessa forma, a introdução da plataforma Arduino associada a questões conceituais proporcionou uma formação mais completa aos alunos e demonstrou aos futuros professores as possibilidades de integração das tecnologias nas práticas educativas.

Portanto, espera-se que este estudo contribua para a promoção da inclusão tecnológica na formação de professores de Física, visando à melhoria da qualidade do ensino nessa área. Os resultados obtidos mostram que a aproximação dos futuros professores das tecnologias aplicadas em experimentos no ensino de Termologia foi bem-sucedida.

Referências

ALMEIDA, T. D. Q. **Contribuições do uso de atividades experimentais demonstrativas para as aulas de Física de uma sequência de potência elétrica**. 2016. 121 f. Dissertação (Mestrado Profissional em Educação e Docência) – Faculdade de Educação, Universidade Federal de Minas Gerais, Belo Horizonte, 2016.

AZEVEDO, C. **Ensino da Termologia utilizando a metodologia Peer Instruction**. 2019. 147 f. Dissertação (Mestrado Profissional de Ensino de Física) – Programa de Pós-Graduação em Física, Instituto de Ciências Exatas e Naturais, Universidade Federal do Pará, Belém, 2019.

BARROS, S. L. S.; ALMEIDA, M. A. T. **Introdução às Ciências Físicas** 2. Rio de Janeiro: Fundação CECIERJ, 2008.

BINSFELD, S. C.; AUTH, M. A. A experimentação no ensino de ciências da educação básica: constatações e desafios. In: Encontro Nacional De Pesquisa Em Educação Em Ciências, v. 8, 2011, Campinas. **Anais [...]**. Campinas: UNICAMP, 2011, p. 1-10.

BONILLA, M. H. S. **Inclusão digital nas escolas. Educação, direitos humanos e inclusão social: histórias, memórias e políticas educacionais**. João Pessoa: Editora universitária da UFPB, v. 1, p. 183-200, 2009.

BORGES, A. T. Novos Rumos para o Laboratório Escolar de Ciências. **Caderno Brasileiro de Ensino de Física**, v. 19, n. 3, p. 291-313, 2002.

BRASIL (org.). Base Nacional Comum Curricular. 2018. Disponível em: http://basenacionalcomum.mec.gov.br/historico. Acesso em: 21 set. 2021.

BRASIL (org.). **Tecnologias Digitais da Informação e Comunicação no contexto escolar: possibilidades**. 2021. Disponível em: http://basenacionalcomum.mec.gov.br/implementacao/praticas/caderno-de-praticas/aprofundamentos/193-tecnologias-digitais-da-informacao-e-comunicacao-no-contexto-escolar-possibilidades. Acesso em: 10 maio. 2023.

Brasil (org.). **Resolução CNE/CP n. 2, de 20 de dezembro de 2019**. 2019. Define as Diretrizes Curriculares Nacionais para a Formação Inicial de Professores para a Educação Básica e institui a Base Nacional Comum para a Formação Inicial de Professores da Educação Básica (BNC-Formação). Brasília: MEC. Disponível: http://portal.mec.gov.br/index.php?option=com_docman&view=download&alias=135951-rcp002-19&category_slug=dezembro-2019-pdf&Itemid=30192. Acesso em: 16 dez. 2022.

COSTA, D. F. et al. Estratégias para a elaboração de um plano de atividade gamificado. **Research, Society And Development**, [s.l.], v. 8, n. 11, p. 1-18, 24 ago. 2019. DOI: http://dx.doi.org/10.33448/rsd-v8i11.1451

FETZNER FILHO, G. **Experimentos de baixo custo para o ensino de Física em Nível Médio usando a placa Arduino-Uno**. 2015. 207 f. Dissertação (Mestrado Profissional em Ensino de Física) – Curso de Física, Universidade Federal do Rio Grande do Sul, Porto Alegre, 2015.

GORGES, L.; DUMS, E. H.; MENDONÇA, A. P.A. Por que os astronautas "flutuam"? A representação do princípio da imponderabilidade em experimentos desenvolvidos para o ensino médio. **Revista Brasileira de Ensino de Ciência e Tecnologia**, Curitiba, v.15, n.2, p.1-21, 2022.

HEWITT, P. G. **Física conceitual**. 12. Ed. Porto Alegre: Bookman, 2015.

LIMA, J. **Sequência didática para o ensino da termodinâmica**. Dissertação (Mestrado Nacional Profissional em Ensino de Física) – Pós-Graduação no Curso de Mestrado Profissional de Ensino de Física, Universidade Tecnológica Federal do Paraná, Campo Mourão, 2016.

MELO, M. G. A.; CAMPOS, J. S.; ALMEIDA, W. S. Dificuldades enfrentadas por Professores de Ciências para ensinar Física no Ensino Fundamental. **Revista Brasileira de Ensino de Ciência e Tecnologia**, Curitiba, v.8, n.4, p.241-251, 2015.

MOREIRA, M. A. Grandes desafios para o Ensino da Física na Educação Contemporânea. **Revista do Professor de Física**, Porto Alegre, v.1, n.1, 2017.

MOURÃO, M. F.; SILVA, J. B..; SALES, G. L. Potencialidades do uso de oficinas no Ensino de Física: Análise De Uma Estratégia Para Aulas Iniciando Por Práticas Experimentais. **Experiências em Ensino de Ciências**, Fortaleza, v. 15, n. 1, p. 429-437, mar. 2020.

PINHEIRO JÚNIOR, J. B. **Experimentos com o Arduino no ensino de Física**: estudando conceitos científicos da Termologia. 2022. 87f. Dissertação (Mestrado Profissional em Ensino de Física) – Universidade Federal de São Carlos, campus Sorocaba, 2022.

PRAIA, J. F.; CACHAPUZ, A. F. C.; GIL-PÉREZ, D. Problema, teoria e observação em ciência: para uma reorientação epistemológica da educação em ciência. **Ciência & Educação**, v.8, n.1, p.127 – 145, 2002.

SÁ, J. M. **Experimento de dilatação linear dos sólidos para auxiliar no estudo da Termologia**. 2016. 106f. Dissertação (Mestrado Nacional Profissional em Ensino de Física) – Universidade Federal de Roraima, Boa Vista, 2016.

SILVA, F. R. O. et al. O uso da placa Arduino no estudo de Movimento Circular: uma proposta de intervenção para a física no ensino médio. **Revista Científica Multidisciplinar Núcleo do Conhecimento**, [s.l.], p. 46-55, 17 fev. 2021. Disponível: http://dx.doi.org/10.32749/nucleodoconhecimento.com.br/educacao/movimento-circular Acesso em: 11 de maio de 2023.

SILVA, A. P. B; FORATO, T. C. M.; GOMES, J. L. A. M. C. Concepções sobre a natureza do calor em diferentes contextos históricos. **Caderno Brasileiro de Ensino de Física**, v. 30, n. 3, p. 492-537, 2013.

SILVA, F. L. L. **Construindo um Balão de ar quente: uma sequência didática para a aprendizagem significativa dos conceitos de Termologia**. 2021. 264f. Dissertação (Mestrado Profissional Nacional em Ensino de Física) – Pós-graduação Mestrado Profissional Nacional em Ensino de Física, Universidade Federal do Maranhão, São Luís, 2021.

SOARES, P. G. et al. BNC-Formação Continuada de Professores da Educação Básica: competências para quem? **Research, Society And Development**, [s.l.], v. 11, n. 9, p. 1-16, 15 jul. 2022. Research, Society and Development. http://dx.doi.org/10.33448/rsd-v11i9.32181.

YOUNG, H. D.; FREEDMAN, R. A. **Física II**: termodinâmica e ondas. 14. Ed. São Paulo: Pearson, 2016.

A ANÁLISE NA APRENDIZAGEM DOS ALUNOS DO 3º ANO DO ENSINO MÉDIO NA DISCIPLINA DE QUÍMICA APÓS A REALIZAÇÃO DA FEIRA DE CIÊNCIAS

Beatriz Jales de Paula
Ana Karine Portela Vasconcelos

Resumo

Atualmente percebe-se que é necessário incluir o uso de novas metodologias a fim de contribuir para com a aprendizagem do aluno, levando em consideração a facilidade e a rapidez da informação através do uso da internet. Retirar do professor a total responsabilidade de repassar conteúdos é de fundamental importância, visto que os alunos também podem contribuir para o desenvolvimento da aula, fazendo com que a aula se torne mais dinâmica e participativa. Com isso o uso da Feira de Ciências como uma metodologia ativa contribui para o desenvolvimento ou aperfeiçoamento de habilidades e competências que não podem ser observadas em avaliações de forma tradicional. Este trabalho acompanhou uma turma do 3º ano do Ensino Médio da E.E.F.M Dra. Aldaci Barbosa que participaram da I Feira de Ciências proposta pela professora. Os alunos que foram observados foram submetidos a dois questionários com os conteúdos que seriam abordados pelos experimentos, onde foram aplicados antes e após a realização da feira com o objetivo de observar se a aprendizagem iria ser positiva nesse modelo de metodologia. Além da aprendizagem como objetivo principal, o desenvolvimento de características e aptidões como cidadão começa a ser percebidos em alguma situação, como liderança, organização, criatividade, entre outros.

Palavras chave: *Aprendizagem, Química, Ensino Médio.*

Introdução

Apesar de estarmos em constante contato com a tecnologia há mais ou menos vinte anos, ainda é perceptível a dificuldade em relacionar a tecnologia com o ensino. A facilidade de acesso a todo e qualquer tipo de informação, e a falta de seleção no tipo e nas informações que serão agregadas ao nosso conhecimento, faz com que a educação vá encontrando dificuldades na forma de abordar essa nova realidade em sala de aula.

A área de Ciências da Natureza, a qual abrange Química, Física e Biologia, é uma das que apresenta maior déficit de aprendizado, onde segundo Risch (2010) citado em Fernandez (2018), "a disciplina de Química é aquela considerada a mais impopular, difícil e abstrata, onde uma grande parte dos conceitos químicos não é compreendida pela a maioria dos alunos." (p. 205).

A partir da necessidade de reverter esse quadro de incompreensão por parte dos discentes, o docente de Química deve procurar e propor práticas metodológicas que atraiam a atenção por parte dos alunos, que consiga desenvolver habilidades e competências necessárias e para que o ensino da disciplina fique mais atrativo, didático e a aprendizagem seja mais eficiente. Além de tentar fazer com que enxerguem o mundo de forma mais lúdica, contextualizada e interdisciplinar.

Um dos maiores obstáculos enfrentados pelos professores é a utilização de celulares na hora errada ou quando não solicitado. Nos tempos atuais é perceptível que todos possuem informações de maneira muito mais rápida, seja para uso acadêmico ou para questões simples, porém essa facilidade e rapidez faz com que muitas pessoas não saibam lidar de forma correta, e acaba não conseguindo atribuir um significado a elas.

Dentre as disciplinas citadas em que os alunos possuem mais dificuldade, a Química está entre elas, visto que é citada como abstrata e complexa, e além de que é necessário decorar equações matemáticas, fórmulas e reações químicas. Com isso um dos papéis do professor é tentar desmistificar o que é entendido por Ciência e que ela é necessária para uma qualidade melhor de vida.

Levando em consideração o contexto tradicionalista que é vivenciado há pelos menos cinquenta anos, a Feira de Ciências vem como ideia de metodologia alternativa, onde os alunos irão conseguir expor suas apresentações científicas e seus conhecimentos adquiridos com o desenvolvimento do trabalho (MEC, 2006).

A exposição de trabalhos criados e desenvolvidos pelos alunos faz com que eles consigam desenvolver habilidades e competências que são necessárias na aplicação de métodos científicos, faz com que eles consigam ir se familiarizando com as metodologias aplicadas no rigor científico e criar uma relação entre o ensino teórico e o ensino prático e reflexivo (BARCELOS, JACOBUCCI, JACOBUCCI, 2010).

Com isso, foi produzido a I Feira de Ciências na Escola Estadual de Ensino Fundamental e Médio Dra. Aldaci Barbosa a fim de aplicar uma metodologia ativa para desenvolver e analisar a aprendizagem dos alunos com o intuito de trazer o protagonismo para o discente em questão para que ele consiga ser construtor do seu próprio conhecimento. Dessa forma consiga traduzir para uma linguagem menos formal e mais acessível o que foi compreendido por ele, tendo como consequência a disseminação desse conteúdo entre seus pares, e levando em consideração que suas produções acadêmicas refletem sua educação científica.

A I Feira de Ciências da Escola de Ensino Médio Dra. Aldaci Barbosa foi realizada em junho de 2019 em Fortaleza/CE – Brasil, sob organização da docente encarregada e do núcleo gestor da escola. A proposta do evento contou com a realização de uma mostra científica aberta para todos os alunos e professores com o objetivo de incentivar a produção científica e finalidade de possibilitar o acesso à ciência para todos, incluindo a comunidade que a escola atende.

Anterior à realização do evento, foi realizado palestras e mesas redondas com os alunos que iriam participar da feira, com o intuito de esclarecer mais informações sobre o tema e sobre como funciona o mundo científico. Além disso, também foi trabalhado em sala de aula todo o conteúdo que poderia abordado nos experimentos que seriam apresentados, foi realizado aulas práticas para que ficassem familiarizados com o ambiente além da sala de aula.

Deste modo, os estudantes ficariam mais próximos ao método científico e despertariam habilidades e características que não são abordadas no ensino tradicional, como liderança, criatividade e trabalho em grupo.

Esse trabalho teve como objetivo elaborar e implementar uma feira de ciências na escola com foco em utilizar metodologias alternativas em detrimento do aprimoramento das estratégias de ensino e aprendizagem, além da análise de eficiência da metodologia em destaque. O tratamento de dados foi obtido através da análise de resultados por meio de questionário impresso.

Referencial teórico

Feira de Ciências

O ensino de ciências não pode mais se limitar ao contexto formal da sala de aula. Esta afirmação é cada vez mais presente entre educadores em ciências e enfatiza o papel de espaços não formais para a alfabetização científica dos indivíduos (FRANCISCO e SANTOS, 2014; SANTOS, 2012; CAZELLI et al, 1999).

As Feiras de Ciências, em algumas situações eram chamadas de Mostras (MEC, 2006b), são eventos proporcionados pelas escolas, mas os alunos que são os responsáveis pelo o desenvolvimento e apresentação dos projetos que são executados durante um período, podendo ser por bimestre ou por semestre.

Durante a exposição os alunos apresentam de forma sintetizada para os telespectadores os dados que foram coletados, as informações descobertas e alguns até chegam a montar algum artefato que representa o que foi pesquisado. Nesse contexto, os alunos começam a entender o método científico, onde é necessária em algumas situações a busca por soluções e formas de resolver o problema, além de exercer o trabalho em equipe.

Durante a década de 1990, as Feiras de Ciências estudantis eram bastante populares tendo uma tradição de mais de cinco décadas, acontecendo no Brasil e América Latina desde a década de 1960 como uma oportunidade para estudantes apresentarem suas produções científicas escolares (MEC, 2006) a um público diverso daquele que compõe o ambiente de suas salas de aula. No Brasil as feiras de ciências se iniciaram no começo da década de 60 de acordo com o "Programa Nacional de Apoio às Feiras de Ciências da Educação Básica – Fenaceb", elaborado pelo MEC, em 2006.

A participação em Feiras de Ciências permite o aluno a ter contato com um projeto de pesquisa, isso quer dizer que ele irá participar da criação até a finalização do projeto, que será uma apresentação. Isso faz com que os alunos tenham oportunidades de terem ideias inovadoras e que podem ser levadas até ao universo acadêmico.

Ormastroni (1990) afirma que uma Feira de Ciências é uma exposição pública de trabalhos científicos e culturais realizados por alunos. Estes efetuam demonstrações, oferecem explicações orais, contestam perguntas sobre os métodos utilizados e suas condições. Há troca de conhecimentos e informações entre alunos e o público visitante.

A I Feira de Ciências

É possível observar que durante as aulas teóricas nem todos os alunos conseguem compreender de forma clara o que está sendo trabalhado na disciplina de Química, mas quando era abordada junto da teoria a forma prática o entendimento melhorava.

O tema escolhido para a I Feira de Ciências foi CTS (Ciência, tecnologia e sociedade), pois retrata uma temática atual e que consegue abranger de forma contextualizada várias matérias, principalmente a Química, Física, Biologia e Matemática. As apresentações consistiram em salas temáticas e elaboração e de um experimento que se encaixasse na temática. Na sala tinha seis grupos para realizar a apresentação.

As turmas deveriam apresentar trabalhos dentro das temáticas predeterminadas dentro do edital da feira. A temática escolhida para o 3º ano abrangeu a parte que eles estudam em físico-química, como: eletroquímica, cinética química, termoquímica, equilíbrio químico e soluções. A quantidade de questões de cada matéria foi colocada de acordo com os experimentos que foram apresentados pelos grupos. Ao final ficou dividido dessa forma: 2 questões sobre cinética, 2 questões sobre oxirredução, 1 questão sobre propriedade coligativa, 3 questões sobre soluções, 1 questão sobre equilíbrio químico e 1 questão sobre pilha.

No dia da apresentação as turmas foram avaliadas por uma comissão julgadora que consistia em três professores de fora da escola, onde eles avaliaram cinco aspectos: caderno de campo, trabalho em equipe, conteúdo, organização e criatividade. Em cada um desses pontos era atribuída uma quantidade de pontos onde os alunos poderiam chegar até no máximo a nota 10. A evolução dos alunos no quesito elaboração da metodologia científica foi acompanhada e avaliada a partir do caderno de campo, onde eles colocavam todo o passo a passo da construção do trabalho, desde a pesquisa acerca do tema até o experimento.

Ao final da feira como forma de incentivo e valorização dos alunos em seus trabalhos foram escolhidos os melhores apresentados e tiveram como premiação um troféu de destaque da I Feira de Ciências.

Ensino de Química e os PCN's

Segundo os Parâmetros Curriculares Nacionais (PCN's) do Ensino Médio, na escola, de modo geral, o indivíduo interage com o conhecimento através da transmissão de informações, onde supostamente é através da memorização dos conteúdos, adquirindo o conhecimento acumulado. Nos últimos quarenta anos foram incorporadas novas abordagens acerca do conhecimento químico, tendo como um dos principais objetivos a formação de futuros cientistas, além da formação de cidadãos mais conscientes.

É necessário compreender que o conhecimento científico está em constante mudança, com isso é necessário salientar que os planejamentos também tenham essa dinâmica de puderem sofrer alteração no decorrer do ano letivo. Não se pode aceitar que a ciência está toda concluída, ela está em constante descoberta e não podemos levar tudo como uma verdade absoluta (MEC, 1998).

Os conhecimentos difundidos no ensino da Química permitem a construção de uma visão de mundo mais articulada e menos fragmentada, contribuindo para que o indivíduo se veja como participante de um mundo em constante transformação. Para isso, esses conhecimentos devem traduzir-se em competências e habilidades cognitivas e afetivas. Cognitivas e afetivas, sim, para poderem ser consideradas competências em sua plenitude (MEC/SEF, 1998).

De acordo com os Parâmetros Curriculares Nacionais do Ensino Médio (1997, p.11-13) as competências e habilidades a serem desenvolvidas no Ensino de Química são: representação e comunicação, investigação e compreensão e contextualização sociocultural.

Objetivos

Geral

Esse trabalho teve como objetivo elaborar e implementar uma feira de ciências na escola com foco em utilizar metodologias alternativas em detrimento do aprimoramento das estratégias de ensino e aprendizagem, além da análise de eficiência da metodologia em destaque.

Específicos

- Criar e implementar uma Feira de Ciências na escola;
- Analisar a interação e desenvoltura dos alunos na apresentação dos trabalhos;
- Analisar a metodologia ativa como forma de aprendizagem.

Metodologia

Local da pesquisa

O presente trabalho foi realizado na Escola Pública Estadual EEFM Dra Aldaci Barbosa que fica localizada na Avenida Valparaíso, 155, Bairro Conjunto Palmeiras, cidade Fortaleza – CE, contando com os alunos dos 3º anos do ensino médio, em junho de 2019.

Coleta de dados

Foi aplicado um questionário em uma turma, em torno de 45 alunos, do 3º ano do ensino médio da Escola Estadual de Ensino Médio Dra. Aldaci Barbosa. No primeiro momento, o questionário foi aplicado antes a fim de vermos a quantidade erros e acertos da questão apenas com o conteúdo visto em sala de aula, sem nada prático. No segundo momento, o mesmo questionário foi aplicado após a realização da feira para observar se a porcentagem de erros e acertos havia aumentado ou diminuído após demonstrar na prática a teoria estudada em sala.

O questionário possuía 10 questões objetivas sobre conteúdos de físico químicos (cinética química, soluções, equilíbrio químico, oxirredução, propriedade coligativa e pilha) que foram trabalhados em sala de aula em momento anterior a realização da feira. Após a aplicação dos questionários, foi realizada uma avaliação das respostas dos alunos com o intuito de verificar a influência da feira de ciências de forma positiva ou negativa.

Figura 1 – Esquema da aplicação do questionário

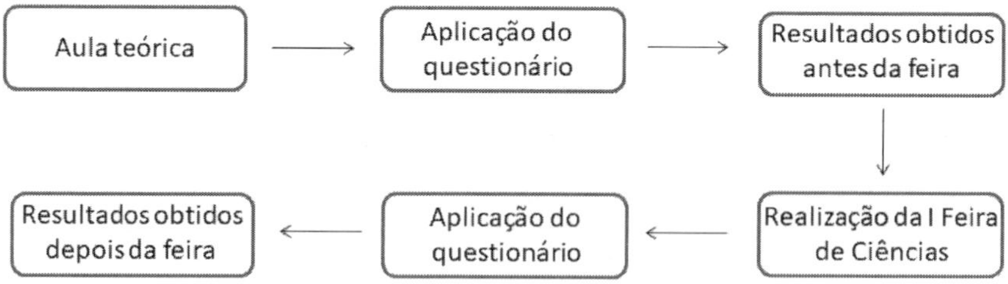

Fonte: Elaborado pelos autores.

Resultados e discussão

Após análise e tratamento dos dados obtidos através dos questionários aplicados antes e depois da Feira de Ciências, foi construída uma tabela com a porcentagem de acertos e erros de cada questão. A tabela 1 apresenta os percentuais obtidos.

Tabela 1 – Resultados obtidos nos questionários.

Questões	Porcentagem de acertos antes da feira de ciências	Porcentagem de acertos após da feira de ciências
01	29%	41%
02	24%	48%
03	41%	68%
04	24%	53%
05	24%	43%
06	17%	71%
07	45%	78%
08	42%	87%
09	41%	68%
10	25%	45%

Fonte: elaborado pelos autores

Na tabela 1 pode-se observar que em todas as questões houve um aumento na porcentagem de acertos após a realização da feira. Algumas questões houve um aumento entre 20 e 35%, porém as questões que obtiveram uma maior diferença no percentual de acertos foram as questões de número 6, onde o aumento na porcentagem de acertos foi de 54%, e a questão 08 onde o aumento na porcentagem foi de 45%. Os conteúdos abordados nas duas questões onde o percentual de acerto foram os mais significativos foram o de soluções e o de cinética química.

Pode-se observar que a questão que obteve a menor diferença na porcentagem foi a questão 1, onde o aumento foi de apenas 12%, que mesmo não sendo um número tão expressivo quanto os outros que ficaram entre 20 e 35%, mas ainda havendo um aumento nos acertos após a realização da Feira de Ciências. Na questão onde houve o menor aumento no percentual de acertos o conteúdo abordado foi o de Equilíbrio químico.

A escolha pela a metodologia ativa no formato de Feira de Ciências demonstrou um impacto positivo durante o processo de aprendizagem da disciplina de Química dos alunos da turma de 3º ano de Ensino Médio. Alguns fatores que podem ter facilitado o entendimento por parte deles é a proximidade na linguagem e o processo da construção do método científico que eles elaboraram, fazendo com que eles pesquisassem e o conteúdo fosse ficando maix claro e objetivo para o entendimento deles.

Considerações finais

Após o término da análise da aprendizagem doa alunos com o uso dessa metodologia ativa, chegamos ao ponto da necessidade de programar novos métodos avaliativos que não se restrinja a aplicação de provas e exames onde o aluno apenas decora o conteúdo, mas não entende como ele poderá utilizar em outras situações. Além disso, o novo Ensino Médio cobra competências e habilidades que foram propostas pela a nova Base Nacional Comum Curricular (BNCC) que foge dos métodos tradicionalistas.

O uso de novas metodologias, como a Feira de Ciências, a sala de aula invertida, a "*gameficação*", ajudam na compreensão de assuntos ou matérias onde os alunos possuem uma maior dificuldade e auxilia na formação do cidadão que está inserido em uma sociedade que está em constante modificação.

Durante a aplicação dessas metodologias conseguimos observar características e comportamentos diferentes do que são fundamentais em aulas tradicionais, visto que é utilizado outros parâmetros para a avaliação. Onde que para a criação ou realização de um experimento é necessária à criatividade para substituir materiais que não sejam disponibilizados, ou em trabalhos em equipe é necessário que haja cooperação de todos para que o trabalho seja realizado de forma exitosa.

Ao utilizar a Feira de Ciências como uma ferramenta de ensino-aprendizagem o aluno se torna o principal interlocutor do acontecimento, fazendo com que a atenção seja voltada para ele e dessa forma ele perceba a sua importância no trabalho e na sociedade em que está inserido. Além desse aspecto, temos outro importante, que é a formação de um cidadão mais questionador e curioso, onde ele vai procurar saber as informações e o que ele não entender irá pedir ajuda ao professor.

O uso de experimentos dentro da disciplina de Química é de extrema importância, visto que demonstra na prática e no dia a dia aonde a disciplina se encontra ou está interligada com outras situações, fazendo com que o interesse aumente, a aprendizagem se torne mais significativa e o que é abstrato se torne mais palpável.

Referências

BARCELOS, Nora Ney Santos; JACOBUCCI, Giuliano Buzá; JACOBUCCI, Daniela Franco Carvalho. Quando o cotidiano pede espaço na escola, o projeto da feira de ciências "Vida em Sociedade" se concretiza. **Ciência & Educação (Bauru),** [S.L.], v. 16, n. 1, p. 215-233, 2010. FapUNIFESP (SciELO). http://dx.doi.org/10.1590/s1516-73132010000100013.

BRASIL. (2018). Ministério da Educação. **Base Nacional Comum Curricular**, 2018. Brasília. Disponível em: http://basenacionalcomum.mec.gov.br/images/BNCC_EI_EF_110518_versaofinal_site.pdf. Acesso em: 10 maio 2022.

BRASIL. **Base Nacional Comum Curricular**. Ministério da Educação. 2017. Acesso em: 28 ago. 2021. Disponível em: http://basenacionalcomum.mec.gov.br/

CAZELLI, S. et al. Tendências pedagógicas das exposições de um Museu de Ciências. **II Encontro Nacional de Pesquisa em Educação em Ciências**. Atas II ENPEC. Porto Alegre, 1999.

FONSECA, Sandra Medeiros; MATTAR NETO, João Augusto. Metodologias ativas aplicadas à educação a distância: revisão de literatura. **Edapeci**, São Cristóvão (Se), v. 17, n. 2, p. 185-197, 15 ago. 2017.

FRANCISCO, W.; SANTOS, I.H.R. **A feira de Ciências como um meio de divulgação científica e ambiente de aprendizagem para estudantes-visitantes**. Areté, v.7, n.13, 2014, p.96-110.

GALLON, Mônica da Silva; SILVA, Jonathan Zotti da; NASCIMENTO, Silvania Sousa do; ROCHA FILHO, João Bernardes da. Feira de Ciências: uma possibilidade à divulgação e comunicação científica no contexto da educação básica. **Revista Insignare Scientia**, Rio Grande do Sul, v. 2, n. 4, p. 180-197, 01 dez. 2019.

GATTI, B. A. e BARRETO, E. S. de S. **Professores do Brasil**: impasses e desafios. Brasília: UNESCO, 2009.

GAUCHE, R.; SILVA, R. R. da; BAPTISTA, J. de A. Formação de Professores de Química: Concepções e Proposições. Química Nova na Escola, São Paulo, v. 27, n. 4, p. 26-29, fev. 2008. Disponível em: http://qnesc.sbq.org.br/online/qnesc27/05- ibero-4.pdf. Acesso em: 31 mar. 2023.

HERRERA, Amilcar. A responsabilidade social do cientista. In: DAGNINO, R. (Org.). **Amilcar Herrera**: um intelectual latino-americano. Campinas: UNICAMP, 2000ª. p. 90-91.

142 ENSINO DE CIÊNCIAS E MATEMÁTICA

LIBÂNEO, J. C. **Didática**. São Paulo: Cortez, 1990.

MANCUSO, R. **A Evolução do Programa de Feiras de Ciências do Rio Grande do Sul: Avaliação Tradicional x Avaliação Participativa**. Florianópolis: UFSC, 1993. Dissertação (Mestrado em Educação). Universidade Federal de Santa Catarina, 1993.
BRASIL. MEC. SEF. Parâmetros Curriculares para o Ensino Fundamental. Brasília, 1998.

MERAZZI, Denise Westphal; ROBAINA, José Vicente Lima. (2021). **O Letramento Científico no Ambiente Escolar: um olhar para as estratégias de ensino e o desenvolvimento de habilidades.** Revista Interdisciplinar Sulear, (11), 8–24. Disponível em: https://revista.uemg.br/index.php/sulear/article/view/5956 Acesso em: 05 set. 2022

MINISTÉRIO DA EDUCAÇÃO (MEC). Secretaria de Educação Média e Tecnológica (Semtec). **Parâmetros Curriculares Nacionais**: Ensino Médio. Brasília: MEC/Semtec, 2006.

MOURA, Antonio Ramon Freitas et al. Jogo lúdico como estratégia de metodologia alternativa para o ensino dos conceitos básicos em Química. In: ARENARE, Eleonora Celli Carioca. **A geração de novos conhecimentos na Química**. Paraná: Atena, 2021. P. 115-129.

NIZ, C. A. F. **A Formação Continuada do Professor e o Uso das Tecnologias em Sala de Aula: Tensões, Reflexões e Novas Tecnologias**. 2017. Dissertação (Mestrado em Educação Escolar) – Universidade Estadual Paulista, Araraquara – SP, 2017.

ORMASTRONI, M. J. S (1990). **Manual da Feira de Ciências**. Brasília: CNPq, AED 30.

SANTOS, Taciana da Silva. **Metodologias ativas de ensino-aprendizagem**. Olinda: Ifpe, 2019. 31 p.

SANTOS, A. B. **Feiras de Ciência: Um incentivo para desenvolvimento da cultura científica**. Rev. Ciênc. Ext. v.8, n.2, p.155, 2012.

SANTOS, Wildson Luiz Pereira; SCHNETZLER, Roseli Pacheco. **Educação em química**: compromisso com a cidadania. 4. Ed. Ijuí: UNIJUÍ, 2015.

SILVA, C. S. da; OLIVEIRA, L. A. A. de. Formação inicial de professores de Química: formação específica e pedagógica. In: NARDI, R. org. **Ensino de ciências e matemática I**: temas sobre a formação de professores [online]. São Paulo: Editora UNESP; São Paulo: Cultura Acadêmica, 2009. 258 p. ISBN 978-85-7983-004-4. Available from SciELO Books.

O USO DE INTERFERÔMETROS EM SALA DE AULA FRENTE A ABORDAGEM CURRICULAR: UMA REVISÃO SISTEMÁTICA DE LITERATURA

Ana Clara Souza Araújo
Vitória Hellen Juca dos Santos
Mairton Cavalcante Romeu

Resumo

Os recursos didáticos concebem um conjunto de instrumentos e percursos pedagógicos utilizados como amparo no desdobramento de aulas e na sistematização do processo de ensino e aprendizagem. Esses recursos didáticos são extremamente importantes para o processo de ensino e aprendizagem, uma vez que facilitam a compreensão do aluno. Na área de Óptica, por exemplo, os alunos frequentemente enfrentam dificuldades para compreender conceitos relacionados à interferometria. Diante dessa problemática, surge a necessidade de compreender como está sendo realizada a utilização dos interferômetros no ensino da interferência. A pesquisa aqui apresentada refere-se a uma Revisão Sistemática de Literatura (RSL), que engloba escritos indexados nas plataformas Google Acadêmico e SciELO, abordando o uso de interferômetros, (na área de ensino?), no período de 2018 a 2022. A frente desse contexto, objetivou-se realizar uma análise da qualidade dos trabalhos publicados referentes ao tema, com base em critérios fundamentados em tal ação. A RSL permitiu identificar um cenário escasso de trabalhos voltados para o ensino de interferência, evidenciando a necessidade de mais esforços por partes dos pesquisadores da área. A falta de trabalhos voltados para o ensino de interferência sugere uma oportunidade para novas investigações, projetos e estudos.

Palavras-chave: *Interferômetros. Recursos didáticos. Ensino de Física.*

Introdução

Na atualidade, o processo de ensinar Física tornou-se um grande desafio, tendo em vista a necessidade crescente do professor se reinventar e, consequentemente, quebrar estigmas relacionados às dificuldades no ensino dessa ciência. Coadunando com este ponto, Moreira (2017) explicita alguns dos desafios que o ensino de Física tem enfrentado na atualidade, como: o ensino centrado no professor e não no aluno e o pouco número de aulas. No que concerne a esses e outros desafios Silva, Sales e Alves (2018) apontam para instância de desenvolver estratégias que possam contornar tais desafios, além de saber utilizar e reutilizar recursos didáticos.

Como apontam Silva e Sales (2018), os recursos didáticos na sua essência concebem um conjunto de instrumentos e percursos pedagógicos utilizados como amparo no desdobramento de aulas e na sistematização do processo de ensino e aprendizagem, logo pois devem ser foco de motivação para os discentes. A Física é uma área *ampla* que abrange desde a Mecânica Clássica até a Mecânica Quântica, e existem muitos recursos didáticos que podem ser utilizados, dependendo da criatividade e disponibilidade do professor.

Na literatura didática e pedagógica de acordo com Castoldi e Polinarski (2009, p. 2),

> [...] existem inúmeros meios e recursos para as aulas que podem ser utilizados pelos professores, com resultados comprovadamente positivos. Contudo, a maioria dos professores tem uma tendência em adotar métodos mais tradicionais de ensino, por medo de inovar ou mesmo pela inércia a muito estabelecida em nosso sistema educacional. Tendo o professor determinado a estrutura do conteúdo e definido exemplos e problemas específicos, o próximo passo é definir técnicas de ensino que sejam mais adequadas para a consecução dos objetivos. Com a utilização de recursos didático-pedagógicos, pensa-se em preencher as lacunas que o ensino tradicional geralmente deixa, e com isso, além de expor o conteúdo de uma forma diferenciada, fazer dos alunos participantes do processo de aprendizagem (CASTOLDI; POLINARSKI, 2009, p.2).

Quando o recurso utilizado demonstra resultados positivos, o aluno torna-se mais confiante, capaz de se interessar por novas situações de aprendizagem e de construir conhecimentos mais complexos. Neste sentido, de acordo com Nicola e Paniz (2017, p.357),

> Não resta dúvida que os recursos didáticos desempenham grande importância na aprendizagem. Para esse processo, o professor deve apostar e acreditar na capacidade do aluno de construir seu próprio conhecimento, incentivando-o e criando situações que o leve a refletir e a estabelecer relação entre diversos contextos do dia a dia, produzindo assim, novos conhecimentos, conscientizando ainda o aluno, de que o conhecimento não é dado como algo terminado e acabado, mas sim que ele está continuamente em construção através das interações dos indivíduos com o meio físico e social (NICOLA; PANIZ, 2017, p.357).

A área de óptica, por exemplo, estuda os fenômenos relacionados a propagação da luz como onda e seu comportamento no mundo físico, com isso é possível criar ou recriar recursos didáticos que apoiem o professor em aulas relacionadas a interferometria (BUZZÁ et al., 2018). No entanto, há uma grande dificuldade dos alunos em compreender conceitos relacionados a esse conteúdo.

Quando se estuda Óptica de acordo com Gircoreano e Pacca (2001, p. 27),

> [...] o enfoque tradicionalmente se restringe ao estudo de aspectos geométricos, baseados no conceito de raio de luz e na análise das características de alguns elementos específicos, como por exemplo, espelhos, lâminas de faces paralelas, prismas e lentes. Todos esses elementos sempre são indicados por retas e pontos num plano, sem ficar evidente que a luz se propaga num espaço tridimensional, que há uma fonte de luz e que existem obstáculos para a propagação. Os aspectos concernentes à natureza da luz, sua interação com a matéria e sua ligação com o processo de visão, também são, em geral, desconsiderados (GIRCOREANO; PACCA, 2001, p.27).

Diante dessa problemática, surge a necessidade de compreender como o uso de interferômetros em sala de aula está ocorrendo como recurso didático. Para tanto, Dias, Castro e Coelho (2021) salientam que existem quatro tipos de interferômetros: interferômetro de Michaelson, interferômetro de Jamin, interferômetro de Fabry-Pérot e interferômetro de Mach-Zehnder. Neste sentido, o presente artigo tem como objetivo construir uma Revisão Sistemática de Literatura (RSL) acerca do uso de interferômetros de baixo custo no ensino de óptica.

Assim, este trabalho está organizado da seguinte forma: na fundamentação teórica são abordados aspectos bibliográficos que fornecem subsídios importantes para fundamentar este trabalho. Na metodologia, será descrito todo o processo de coleta e análise de dados. Por fim, nas considerações finais, são apresentadas algumas conclusões.

Fundamentação teórica

Interferometria e sua importância no ensino de Óptica

De acordo com Netto, Ostermann e Cavalcanti (2018), a interferometria é uma técnica que estuda sobreposição de ondas, criando como resultante, uma nova onda, podendo ser estudada para compreender as principais diferenças das ondas que a construíram. A interferência é um fenômeno que ocorre de forma geral entre as ondas. Neste sentido, a técnica de interferometria pode ser utilizada em vários campos, como astronomia, fibras ópticas e oceanografia.

O fenômeno de interferência, pode ocorrer de forma construtiva e destrutiva. A interferência construtiva ocorre quando a onda resultante da combinação de outras ondas é maior que as intensidades individuais. Já a interferência destrutiva ocorre quando a onda resultante possui intensidade menor se comparada a intensidade individual das ondas que a construíram (SOUZA; SANTIAGO; JESUS, 2019).

Como abordado por Souza, Santiago e Jesus (2019), a interferência pode ser percebida de várias formas, por exemplo, a sobreposição de ondas circulares na superfície de um lago, a sobreposição de ondas em uma corda, gerando uma onda resultante, conhecida como onda estacionária, a interação entre ondas sonoras de frequência similar.

Uma das experiências físicas mais famosas envolvendo interferência de ondas foi proposta por Young em 1801. Neste experimento, foi mostrado de forma experimental que a luz compartilha a mesma propriedade que as ondas mecânicas, comprovando assim a natureza ondulatória da luz. O experimento de interferometria de Young foi de extrema importância, uma vez que, até então, acreditava-se que a luz possuía natureza corpuscular e que fenômenos da óptica poderiam ser explicados apenas pela teoria corpuscular. Apenas com o experimento da dupla fenda, comprovou-se a natureza ondulatória da luz (MORAIS et al., 2021)

Os interferômetros como recursos didáticos

De acordo com Pais (2000, p.3),

> Os recursos didáticos envolvem uma diversidade de elementos utilizados como suporte experimental na organização do processo de ensino e de aprendizagem. Sua finalidade é servir de interface mediadora para facilitar na relação entre professor, aluno e o conhecimento em um momento preciso da elaboração do saber. Segundo nossa opinião, tais recursos estão associados às criações didáticas descritas por Chevallard (1991), quando analisa o fenômeno da transposição didática no contexto do ensino da matemática. São criações pedagógicas desenvolvidas para facilitar o processo de aquisição do conhecimento. É necessário reforçar que esse tema não está desvinculado de dois aspectos interligados: a formação de professores e as suas concepções pedagógicas. Este fato é destacado por Fiorentini et al. (1990) quando analisa esta mesma temática, lembrando que a escolha de um material, pelo professor, nem sempre é realizada com a devida clareza quanto a sua fundamentação teórica (PAIS, 2000, p.3).

Neste sentido, no que se refere ao ensino de ciências, existem duas linhas metodológicas específicas: o Behaviorismo e o Construtivismo. A metodologia Behaviorista, preocupa-se com a transmissão e recepção de informações, assim, não há valorização de conhecimentos prévios. Já a metodologia Construtivista baseia-se no contexto histórico e social do aluno. Assim, dependendo da linha metodológica utilizada, utiliza-se os recursos didáticos apropriados. Com isto, Ramos, 2004, p.2) discute que:

> O processo de ensino-aprendizagem contextualizado é um importante meio de estimular a curiosidade e fortalecer a confiança do aluno. Por outro lado, sua importância está condicionada à possibilidade de [...] ter consciência sobre seus modelos de explicação e compreensão da realidade, reconhece-los como equivocados ou limitados a determinados contextos, enfrentar o questionamento, colocando em xeque num processo de desconstrução de conceitos e reconstrução/apropriação de outros (RAMOS, 2004, p.2).

Quando se trata especificamente da Física, Nussenzveig (2018), discute que os alunos se deparam com vários temas relacionados a Física, tidos como complicados e de grande complexidade. Alguns desses temas são atuais e outros fazem parte da evolução histórica desta ciência, como é o caso dos interferômetros. Todavia, os interferômetros não só permitiram o avanço da ondulatória, mas também são utilizados hoje como instrumentos de medidas de grande precisão.

De acordo com Cordova (2016), os interferômetros se apresentam como ferramentas de grande importância em variadas áreas, como na Astronomia e Oceanografia. No ensino, os interferômetros se apresentam como recursos didáticos essenciais no processo de ensino e aprendizagem de óptica. Como aponta Carvanho (2015), os interferômetros permitem não apenas uma simples compreensão de problemas na área da ondulatória, mas promove a vivência e a interação tecnológica do equipamento.

Cordova (2016), discute ainda que os interferômetros óticos causam um impacto inicial positivo e que promovem uma atenção contínua e eficaz. No entanto, como se trata de um fenômeno ondulatório, a interferência também ocorre com outros tipos de ondas, como as ondas sonoras. E quando se trata de conteúdos de ondas mecânicas, a visualização dos fenômenos estudados é de alta importância para a construção do aprendizado.

A técnica de Revisão Sistemática de Literatura

Segundo Júnior (2021), a realização de uma revisão sistemática da literatura (RSL) é de extrema importância para os pesquisadores que desejam encontrar as informações mais recentes sobre um determinado tema. Como explica Kitchenham (2004), "é a pesquisa que se concentra em questões claramente definidas e visa identificar, selecionar, avaliar e sintetizar as evidências relevantes disponíveis".

Segundo Kitchenham (2004), há uma série de fatores que motivam os pesquisadores a construir uma RSL, que dependerão dos objetivos de pesquisa propostos. Por esse motivo, existem vários alvos para esse fator e, em relação a isso, a autora afirma que:

> [...] resumir as evidências existentes sobre um tratamento ou tecnologia, por exemplo e/ou resumir a evidência empírica dos benefícios e limitações de um método ágil. [...] identificar quaisquer lacunas em uma pesquisa atual, a fim de sugerir áreas para investigação. [...] fornece um quadro/fundo para posicionar adequadamente novas atividades de pesquisa (KITCHENHAM, 2004, p. 1-2).

A condução da revisão, de acordo com Kitchenham (2004, p. 3) é subdividida em "(...) Seleção dos estudos primários (...) Avaliação da qualidade do estudo (...) Extração e monitoramento de dados (...) Síntese dos dados. Para esta pesquisa, foram definidos critérios de inclusão e exclusão em relação à escolha do material escrito de estudos primários e critérios para avaliação da qualidade dos estudos, para que somente então fosse possível extrair e monitorar os dados e, por fim, realizar uma síntese dos mesmos. Diante dessas considerações, o pesquisador precisa adotar uma abordagem metodológica, que começa com a busca de materiais escritos. Segundo Kitchenham (2004), essas produções podem ser definidas por meio de estudos individuais sobre alguma temática de pesquisa incluída nos moldes acadêmicos, podendo-se incluir, nesse escopo, estudos primários como também estudos secundários. Nesse sentido, definir uma organização estratégica que dividida em fases o processo de elaboração de uma RSL colabora para direcionar elementos metodológicos definidos pelo pesquisador, ajudando a estruturar a composição e a compilação dos dados recolhidos.

Com isso, a primeira etapa se relaciona com a definição do objetivo da pesquisa, que consistiu em realizar uma análise da qualidade de trabalhos publicados sobre o uso dos interferômetros como recurso didático no período de 2018 a 2022. Em seguida, foi realizada a construção de um protocolo com critérios importantes que delimitaram e delinearam a pesquisa. Esta fase pode ocorrer de várias formas e depende diretamente dos critérios que serão definidos pelo pesquisador. Neste estudo, foram escolhidas duas bases de dados: Google Acadêmico e SciELO. Em seguida, foram escolhidos termos e palavras-chave relacionados ao tema, e por fim, esses termos foram inseridos nas bases de dados, pesquisando os materiais de interesse.

No segundo momento, temos o procedimento que se refere à escolha dos critérios de inclusão e exclusão dos materiais. Nesta etapa, o pesquisador, de acordo com Kitchenham (2004), com base no seu objetivo e problemática define, através de critérios pré-estabelecidos e imutáveis ao longo do processo de construção da RSL. Esses critérios podem estar relacionados a metodologia dos trabalhos encontrados, ao veículo de publicação desses trabalhos, ou até mesmo do aporte teórico escolhido para fundamentá-los.

Feito isso, com um número suficiente de artigos selecionados, o terceiro momento é destinado ao tratamento do material recolhido com base nos critérios de avaliação da qualidade dos estudos que visam, de acordo com Kitchenham (2004, p. 10), tradução dos autores,

> Investigar se as diferenças de qualidade fornecem uma explicação para as diferenças nos resultados do estudo, como forma de ponderar a importância de estudos individuais quando os resultados são sendo sintetizados. Orientar a interpretação dos achados e determinar a força das inferências. Orientar recomendações para pesquisas futuras (KITCHENHAM, 2004, p. 10).

Os critérios de qualidade de estudos propostos para esta pesquisa darão ênfase principalmente às pesquisas experimentais e aplicadas que possuem dados coletados do campo de pesquisa, de modo a fornecer maior respaldo às interpretações finais dos resultados.

Metodologia

Esta é uma pesquisa de natureza básica, com análise de dados qualitativa, é uma pesquisa bibliográfica-descritiva (MOREIRA, 2004). Foi realizado um estudo de escopo inicial, a fim de determinar uma estratégia apropriada para a pesquisa, conforme sugerido por Kitchenham (2004). Assim,-delimitando o problema de pesquisa, seu objetivo e a justificativa da mesma. Em seguida, delineou-se a estratégia para pesquisar os escritos a serem analisados de forma que já estivesse claro aspectos como: Definição dos tipos de estudo, critérios de seleção inicial dos estudos e bancos de dados.

No Quadro 1 encontra-se a definição escolhida para os estudos e os critérios de seleção inicial dos mesmos.

Quadro 1 – Definição dos estudos e critérios de seleção inicial

Definição dos tipos de estudo	Critérios de seleção inicial dos estudos
As palavras-chave e termos-chaves foram submetidas nas bases de dados Google Acadêmico e SciELO. Os artigos e dissertações encontrados serão listados, terão seus títulos, resumos e palavras-chave lidos para verificação de adequação aos critérios de inclusão e exclusão. Caso atenda aos quesitos do protocolo, ele será selecionado.	• 1 – Ensino de ótica • 2 – Recursos didáticos • 3 – Interferômetros e interferometria

Fonte: Produção dos autores (2023).

Após escolher os critérios de seleção inicial (termos-chave ou palavras-chave) os mesmos foram inseridos nas bases de dados (Google Acadêmico e SciELO). Realizando a busca e surgindo os escritos, foi realizado o download. Em seguida, leu-se título, resumo e palavras-chave. Caso estivessem dentro do escopo delimitado pelos critérios de inclusão e exclusão, o escrito seria selecionado para a sua leitura. Os critérios de inclusão e exclusão encontrados estão dispostos no Quadro 2:

ENSINO DE CIÊNCIAS E MATEMÁTICA

Quadro 2 – Critérios de inclusão e exclusão

Código	Critérios	Categorias
Critério 1	Artigos que abordem sobre Interferometria e que possuam aplicação prática em sala de aula publicados em revistas de qualis B1 acima.	Inclusão
Critério 2	Artigos que abordem sobre os Interferômetros como recurso didático	Inclusão
Critério 3	Dissertações, resumos simples e resumos expandidos	Exclusão
Critério 4	Artigos de interferometria aplicada	Exclusão

Fonte: Produção dos autores (2023)

A delimitação dos critérios de inclusão e exclusão é importante principalmente para filtrar os escritos para a análise. Além disso, uma vez estabelecidos no início do processo metodológico, eles não devem sofrer alterações, o que obriga o pesquisador a seguir o mesmo percurso científico até o final, evitando misturar escritos desconexos e informações desencontradas.

Ao realizar as buscas nas bases de dados escolhidas, foram encontrados um montante de 108 artigos relacionados ao tema. Dos 108 artigos, 50 não se encaixaram em nenhum dos critérios de inclusão ou se enquadraram em pelo menos um dos critérios de exclusão. No Google Acadêmico foram encontrados 22 artigos que se encaixam no critério 1 e 9 artigos que se adequavam ao critério 2, e apenas 5 artigos se encontravam dentro dos dois critérios. Na SciELO, 16 artigos se encaixaram no critério 1, foram encontrados 4 artigos que se adequavam ao critério 2 e apenas 2 artigos possuem os dois critérios em comum.

Quadro 3 – Disposição da quantidade de artigos relacionados aos critérios de inclusão

Base de dados	Critério 1	Critério 2	Em comum
Google Acadêmico	20	8	5
SciELO	16	3	2
TOTAL	36	11	**7**

Fonte: Produção dos autores (2023).

Ao final da busca, os artigos restantes a serem analisados e estudados configuraram em um total de sete (07). A partir disso, foram construídos critérios de avaliação para esses materiais, sugeridos também por Kitchenham (2004). Para a construção desses critérios, foi dado um enfoque maior ao que é ensinado no currículo de Física, especialmente na área de óptica.

Quadro 4 – Critérios de avaliação da qualidade dos estudos

Nº	Critérios
1	Será que as abordagens presentes nesses escritos estão de acordo com o que é pregado pelo currículo?
2	Os recursos didáticos usados são necessários?
3	Permite a interdisciplinaridade com outras áreas?
4	As experiências trazidas sobre o ensino de interferometria e o uso de interferômetros foram coerentes com o enfoque investigativo?

Fonte: Produção dos autores (2023).

Os critérios presentes no quadro 4 foram pensados com base no ensino de Interferometria e no uso de interferômetros como recursos didáticos de modo que fosse possível verificar se o tipo de abordagem presente no material escrito era coerente com os currículos propostos, além de enfatizar a importância dos recursos didáticos e metodologias ativas, bem como a multidisciplinaridade e interdisciplinaridade com outras áreas da ciência. Por fim, no quadro 5, são apresentados os artigos que foram selecionados para compor o corpo de informações para a análise e discussão desta RSL, levando em consideração os critérios escolhidos.

Quadro 5 – Trabalhos restantes para a análise

Nº	Ano	Qualis	Título	Autores
1	2022	B1	Sobre o ensino de física moderna e contemporânea no ensino médio: uma breve revisão bibliográfica	VELOSO, J.C. SOUZA, M.V.S. MACÊDO, H.R.A.
2	2022	A2	Argumentação no discurso oral e escrito de estudantes do ensino médio em uma sequência didática de física moderna	BARRELO, J.R.N. CARVALHO, A.N.P. ROCHA, E.P.
3	2021	A1	Simulação interativa do interferômetro de Michelson usando o GeoGebra	DIAS, N.L. CASTRO, G.S. COELHO, A.A.
4	2020	B1	Caminhos da Educação Matemática em Revista	BARROS, M.V. BARROS, M.A.
5	2019	B1	Realização experimental da simulação do algoritmo de Deutsch com o interferômetro de Mach-Zehnder.	GROSMAN, P.H. BRAGA, D.G. HUGUENIN, J.A.

6	2019	A1	Interferômetro de Michelson construído com material de fácil acesso	SOUZA, L.G. SANTIAGO, L.R. JESUS, V.L.B.
7	2019	A1	Fenômenos intermediários de interferência e emaranhamento quânticos: o interferômetro virtual de Mach-Zehnder integrado a atividades didáticas.	NETO, J.S. OSTERMANN, F. CAVALCANTI, C.J.H.

Fonte: Produção dos autores (2023).

Verifica-se que no processo desta Revisão Sistemática de Literatura, os critérios escolhidos foram coerentes com o enfoque investigativo e a fundamentação teórica delineada a princípio. Por meio dessa abordagem, busca-se contribuir de forma ponderada e substancial para pesquisas futuras. Ademais, a análise dos trabalhos encontrados frente aos critérios de avaliação da qualidade dos mesmos encontra-se no tópico seguinte.

Resultados e discussões

No quadro 6, é possível observar a relação entre os manuscritos restantes para análise e os critérios de qualidade dos estudos propostos anteriormente no quadro 4.

Quadro 6 – Manuscritos e critérios que se encaixam

Manuscritos	Critérios
1,3,4	1
2,3,5	2
4,6,7	3
1,3,6	4

Fonte: Produção dos autores (2023)

O primeiro critério de qualidade dos estudos, presentes no quadro 4, refere-se às abordagens presentes nos escritos, se estão de acordo com o que é pregado pelo currículo. Após a leitura e análise feita, apenas os manuscritos 1, 3 e 4 se encaixam nesse critério.

No segundo critério, presente no quadro 4, buscou-se observar se os recursos didáticos utilizados nestes manuscritos foram de fato necessários para o desenvolvimento da pesquisa. Apenas os artigos 2,3 e 5 conseguiram atender a esse critério, tendo em vista que a que a utilização de interferômetros foi de extrema importância para a compreensão do público alvo.

Como abordado por Carvalho (2018), os recursos didáticos são materiais que auxiliam o docente em seu ofício em sala de aula, ou seja, são uma alternativa metodológica útil em sala de aula. Com base nos escritos que compõem o conjunto final para a análise desta pesquisa, percebeu-se um número limitado de recursos didáticos, tanto digitais como analógicos, que foram empregados de forma proveitosa e correta no escopo da referida pesquisa.

Assim, segundo Silva (2015, p.3),

> É fato que o professor dos tempos atuais precisa ser formado sob paradigmas modernos, atualizados com o contexto da sociedade contemporânea, que permita a aplicação de seus conhecimentos e práticas pedagógicas, explorando a maior quantidade de recursos e metodologias possíveis (SILVA, 2015, p. 3)

No que se refere ao terceiro critério, buscou-se compreender se o uso dos interferômetros descritos nos manuscritos de análise permitia a interdisciplinaridade com outras áreas. Apenas os artigos 4,6 e 7 permitem uma maior flexibilização com outras áreas, devido à própria natureza dos interferômetros, cujas aplicações podem ocorrer de diversas formas.

De acordo com Santomé (1998, p.74),

> O ensino baseado na interdisciplinaridade tem um grande poder estruturador, pois os conceitos, contextos teóricos, procedimentos, etc, enfrentados pelos alunos encontram-se organizados em torno de unidades mais globais, de estruturas conceituais e metodológicas compartilhadas por várias disciplinas. Alunos e alunas com uma educação mais interdisciplinar estão mais capacitados para enfrentar problemas que transcendem os limites de uma disciplina concreta e para detectar, analisar e solucionar problemas novos (SANTOMÉ, 1998, p. 74).

A interdisciplinaridade configura o conhecimento como elos de uma única corrente, interligados inextrincavelmente, de modo que o aluno perceba a complexidade do saber.

Por fim, o quarto critério de qualidade dos estudos buscou compreender se as experiências trazidas sobre o ensino de interferometria e o uso de interferômetros foram coerentes com o enfoque investigativo do trabalho. Apenas os manuscritos 1,3 e 6 conseguiram atender a este critério.

Percebeu-se um desequilíbrio entre informações teóricas e resultados de práticas, no qual a primeira se sobrepôs à segunda. Alguns textos apresentaram informações discrepantes entre o embasamento teórico e as metodologias utilizadas, o que acaba perpetuando o método tradicional de ensino. Nesse sentido, torna-se cada vez mais necessário o esforço de pesquisadores e cientistas na área de ensino, como exemplificado pelo trabalho de Silva e Pereira (2022).

Considerações finais

A construção desta Revisão Sistemática de Literatura permitiu identificar a escassez de trabalhos voltados para o ensino de Interferência, diante do amplo cenário em que se encontram o uso dos interferômetros. Além disso, foi possível observar o atual estado do uso de interferômetros como recursos pedagógicos em relação à proposta curricular dos trabalhos analisados. Constatou-se a necessidade de maior empenho por parte de pesquisadores e cientistas da área para estabelecer bases sólidas para o ensino da interferometria, à medida que novos recursos são desenvolvidos para auxiliar o professor, que desempenha um papel fundamental como mediador entre o conhecimento e o aluno.

A RSL e o procedimento descrito contribuíram de forma excepcional para este trabalho, uma vez que, por meio de uma sequência sistematizada e criteriosa, foi possível compreender o atual cenário do uso de interferômetros e apresentar uma visão abrangente dos trabalhos mais completos publicados até o momento. Ainda com relação a esses trabalhos, houve um equilíbrio no que concerne as categorias de análise pleiteadas no currículo. Alguns pontos de divergência revelam áreas que ainda precisam ser aprimoradas, enquanto outros mostram o quão avançados os escritos estão em relação aos currículos.

Neste estudo, buscou-se contribuir para o fornecimento de informações e análises relevantes sobre o uso de interferômetros, servindo de base para futuras

ENSINO DE CIÊNCIAS E MATEMÁTICA

investigações na área. Acredita-se na importância desse trabalho por fornecer subsídios para pesquisas posteriores e por ter o potencial de causar impacto e transformação nos indivíduos.

Referências

BUZZÁ, Hilde Harb et al. Preparação de material tátil-visual torna o ensino dos conceitos de óptica acessível para pessoas com deficiência visual-Exposição" Luz ao Alcance das Mãos". **A Física na Escola**, v. 16, n. 1, p. 36-42, 2018.

CARVALHO, Carla Cristina Coelho. **Laboratório de recursos didáticos como intervenções para o ensino de matemática para alunos surdos**. Trabalho de Conclusão de Curso (Licenciatura Plena em Matemática). Universidade Federal do Sul e Sudeste do Pará. Santana do Araguaia – Pará, 2018.

CASTOLDI, Rafael; POLINARSKI, Celso Aparecido. A utilização de recursos didático-pedagógicos na motivação da aprendizagem. **I Simpósio Nacional de Ensino de Ciência e Tecnologia**, v. 684, 2009.

CORDOVA, Hercilio Pereira. **Construção de um interferômetro de Michelsone aplicações no ensino de óptica**. Dissertação (Mestrado em Física) – Universidade Federal do Rio de Janeiro, Rio de Janeiro, 2016.

DIAS, Nildo Loiola; CASTRO, Giselle dos Santos; COELHO, Afrânio de Araújo. Simulação interativa do interferômetro de Michelson usando o GeoGebra. **Revista Brasileira de Ensino de Física**, v. 43, 2021.

GIRCOREANO, José Paulo; PACCA, Jesuína LA. O ensino da óptica na perspectiva de compreender a luz e a visão. **Caderno Brasileiro de Ensino de Física**, v. 18, n. 1, p. 26-40, 2001.

JÚNIOR, Antonio de Lisboa Coutinho. O ensino de física integrado a plataforma Arduino, uma revisão sistemática de literatura. **Educere et Educare**, v. 16, n. 40, p. 175-197.

KITCHENHAM, Bárbara. Procedimentos para realizar revisões sistemáticas. **Keele, Reino Unido, Keele University**, v. 33, n. 2004, p. 1-26, 2004.

MOREIRA, Marco Antonio. Grandes desafios para o ensino de Física na educação contemporânea. **Revista do Professor de Física**, v.1, n.1, p.1-13, 2017.

MORAIS, Cícero Jailton S.et al. Demonstração e análise da interferência acústica utilizando um "tubo de Quincke" e a plataforma Arduino. **Revista Brasileira de Ensino de Física**, v. 43, 2021.

NICOLA, Jéssica Anese; PANIZ, Catiane Mazocco. A importância da utilização de diferentes recursos didáticos no Ensino de Ciências e Biologia. **InFor**, v. 2, n. 1, p. 355-381, 2017.

NETTO, Jader da Silva; OSTERMANN, Fernanda; CAVALCANTI, Claudio Jose de Holanda. Fenômenos intermediários de interferência e emaranhamento quânticos: o interferômetro virtual de Mach-Zehnder integrado a atividades didáticas. **Caderno brasileiro de ensino de física**. Florianópolis. Vol. 35, n. 1 (abr. 2018), p. 185-234, 2018.

NUSSENZVEIG, Herch Moysés. **Curso de Física Básica: fluidos, oscilações e ondas, calor**. São Paulo: Editora Blucher, 2018.

PAIS, Luiz Carlos. Uma análise do significado da utilização de recursos didáticos no ensino da geometria. **Reunião da ANPED**, v. 23, p. 24, 2000.

RAMOS, Marise Nogueira. **A Contextualização no Currículo de Ensino Médio**: a necessidade da crítica na construção do saber científico, 2004. In PARANÁ. Secretaria de Estado da Educação. DIRETRIZES CURRICULARES DE BIOLOGIA PARA A EDUCAÇÃO BÁSICA. Curitiba, 2008.

SANTOMÉ, Jurjo T. **El curriculum oculto**. Madrid: Morata, 1991
SILVA, João Batista; SALES, Gilvandenys Leite. Atividade experimental de baixo custo: o contributo do ludião e suas implicações para o ensino de Física. **Revista do Professor de Física**, v. 2, n. 2, 2018.

SILVA, Francisco Hemerson Brito da; PEREIRA, Ana Carolina Costa. Práticas investigativas envolvendo articulações entre história e ensino de matemática no pgecm/ifce. **REAMEC – Rede Amazônica de Educação em Ciências e Matemática**, v. 10, n. 3, p. e22073, 2022.

SOUZA, L. G.; SANTIAGO, L. R.; DE JESUS, V. L. B. Interferômetro de Michelson construído com material de fácil acesso. **Revista Brasileira de Ensino de Física**, v. 41, 2019.

A TRAJETÓRIA DO ENSINO PROFISSIONALIZANTE NO BRASIL: DA COLÔNIA À BNCC

Alexya Heller Nogueira Rabelo
Maria Cleide da Silva Barroso
Francisca Helena de Oliveira Holanda

Resumo

Este trabalho é fruto de uma observação histórica, que analisa o desenvolvimento do ensino profissionalizante no Brasil, do período colonial até a mais recente versão da BNCC. Também é levantado as influências do sistema capitalista sob a Educação Profissional, que utiliza dessa como ferramenta para a produção de mão-de-obra barata e qualificada, ocasionando um cenário de exploração da classe trabalhadora, de reprodução das desigualdades sociais e de fortalecimento de um ensino dicotômico, que resulta em uma a educação, tal qual como a sociedade, segmentada por classes. No mais, esse artigo conta com um apanhado bibliográfico, apoiado nas exposições de diferentes autores que abordaram essa temática, além de tomar como base documentos governamentais, que foram substanciais para o desenvolvimento dessa investigação.

Palavras-chaves: *Ensino Profissionalizante. Dualidade do Ensino. Sistema Capitalista.*

Introdução

Desde o princípio da história das civilizações, conforme afirma Manfredi (2002), indivíduos repassaram seus saberes profissionais através de uma educação fundamentada na observação, na prática e na repetição, voltada para a fabricação de utensílios, instrumentos de caça e proteção, e ferramentas que lhe assistiam no dia-a-dia. A autora ainda justifica o desenvolvimento dessa prática como uma atividade social central, capaz de possibilitar a sobrevivência dos seres humanos e o funcionamento das sociedades (MANFREDI, 2002). Todavia, essas organizações sociais não seguiam uma lógica baseada em um processo acumulativo, diferentemente da atual ideologia mercadológica, mas sim em um método pedagógico pautado no erro e no acerto, e nos conhecimentos reunidos pela história (WITTACZIK, 2008).

A chegada da Revolução Industrial Inglesa, entre os séculos XVIII e XIX, marcou o fortalecimento do ensino profissional, com o objetivo de gerar mão-de-obra qualificada para o trabalho nas grandes fábricas. No Brasil, o Ensino Profissional foi criado tendo como premissa um discurso falso moralista, focado no assistencialismo dos menos favorecidos, mas que almejava a inserção desses sujeitos na prática de trabalhos manuais. Todo esse cenário foi responsável por reproduzir uma dualidade na educação brasileira que se mantém viva até a atualidade, na qual se tem o ensino propedêutico que se contrapõe ao ensino profissional.

Nóbrega e Souza (2015) afirmam que, conforme o Brasil se desenvolvia industrialmente, o que resultou em uma maior necessidade por mão-de-obra qualificada, notou-se que a educação seria capaz de transformar o homem em um cidadão útil à economia do país. Logo, o ensino técnico profissionalizante viabilizou a formação de um trabalhador qualificado em um país que ambicionava a modernização e progresso por meio do desenvolvimento industrial.

Diante dessa ideia, esse trabalho buscou analisar a trajetória do ensino profissional no Brasil, observando os interesses capitalistas na fabricação de mão-de-obra qualificada a partir de políticas educacionais. Ademais, esse texto possui caráter bibliográfico, que se beneficiou das representações expostas por diversos autores dessa temática, e que teve como base documentos governamentais, que foram essenciais para o desenvolvimento deste artigo.

Da Colônia à BNCC

A necessidade de profissionalizar a mão de obra no território brasileiro se dá ainda no início do período colonial. Embora descoberto em 1500, o Brasil, ou Ilha de Vera Cruz, não representava interesse para a Coroa Portuguesa, tendo em mente que nessa época estava em alta o comércio de especiarias vindas do Oriente, e ocupar o Brasil, que não oferecia grandes lucros, não era uma opção cogitada por

Portugal. O primeiro ciclo econômico brasileiro ocorreu graças a exploração do Pau-Brasil, sendo essa planta matéria-prima para a extração da brasilina, corante natural de cor vermelha utilizado pela indústria têxtil que se desenvolvia no continente europeu.

Segundo Zemella (1950), O ciclo do Pau-Brasil nada mais foi que uma exploração rudimentar, baseada na coleta de matéria prima para uma típica indústria extrativista, que utilizou mão de obra indígena, cujo o pagamento se resumia em quinquilharias e miçangas vindas da Europa.

Contudo, o declínio do comércio de especiarias vindas do oriente e a ação de navegadores franceses que traficavam o Pau-Brasil para diferentes regiões da Europa, provocando a concorrência com outras nações e os baixos lucros, estimularam a Coroa Portuguesa a criar estratégias de defesa da colônia e dos eventuais lucros oriundos dos produtos tropicais e de metais preciosos (PILETTI, 1996; FERREIRA, 1995; RODRIGUES; ROSS, 2020).

Diante da constante ameaça francesa, da esperança em encontrar metais preciosos, assim como ocorreu na América Espanhola, e na tentativa de garantir a rota para a Índia, Portugal, que já dominava o cultivo de cana-de-açúcar nas Ilhas do Oceano Atlântico, decide trazer essa prática para o território brasileiro, a fim de promover a sua ocupação (ZEMELLA, 1950).

Como consequência desse cenário, tem-se o início do ciclo da cana-de-açúcar no Brasil e a necessidade de qualificar a mão-de-obra. Assim como no ciclo anterior, o ciclo açucareiro inicialmente utilizava trabalho indígena, todavia, com a expansão das tarefas nas lavouras e a necessidade de mão-de-obra especializada, têm se a transição para o trabalho africano, cujo os indivíduos estavam habituados com a produção açucareira na Península Ibérica (BRAIBANTE et al, 2013). Em decorrência disso, o processo de "profissionalização" de povos nativos e africanos escravizados, para o trabalho nos grandes engenhos, ocorre por meio de padre jesuítas, que difundiam saberes químicos voltados para a produção de açúcar, como também atividades relacionadas a mineração, artesanato, e o trabalho nas oficinas.

162 ENSINO DE CIÊNCIAS E MATEMÁTICA

> A produção de açúcar no Brasil, porém, esbarrava em vários problemas. O maior deles, talvez, fosse a mão-de-obra necessária para o controle das plantações, beneficiamento da cana nos engenhos e outros processos como fermentação e ponto de purga da cana. Esse problema foi resolvido pela transferência de escravos e índios para as colônias agrícolas, aos quais eram transmitidos os conhecimentos e habilidades necessárias aos ofícios da produção açucareira. O mercantilista encontrava na mão escrava uma mercadoria cujo valor-de-uso possuía a propriedade peculiar de ser fonte de valor, de modo que consumi-la seria, portanto, criar valor. O ensino rudimentar e caseiro dos ofícios, ministrado apenas aos escravos e índios durante três séculos e meio, no Brasil, tornou esse tipo de atividade aviltante aos olhos dos brancos. As consequências negativas dessa imagem se fazem sentir até os dias de hoje, tanto na baixa produtividade da mão-de-obra como na degradação do trabalho manual entendido como inferior pela elite burguesa (RUBEGA; PACHECO, 2000, p. 153).

É importante elucidar que o fato de escravos desempenharem os ofícios manuais durante o período colonial resulta na criação de uma cultura que se mantém forte até os dias atuais, responsável por discriminar trabalhos manuais e relacioná-los às classes mais pobres da sociedade. Conforme afirma Fonseca (1961, p. 18):

> O fato de, entre nós, terem sido índios e escravos os primeiros aprendizes de ofício marcou com um estigma de servidão o início do ensino industrial em nosso país. E que, desde então, habituou-se o povo de nossa terra a ver aquela forma de ensino como destinada somente a elementos das mais baixas categorias sociais. Outros fatores iriam influir para a cristalização dessa mentalidade. O primeiro, de extraordinária importância, foi a entrega dos trabalhos pesados e das profissões manuais aos escravos. Esse fato não só agravou o pensamento generalizado de que os ofícios eram destinados aos deserdados da sorte, como impediu, pela feição econômica de que se revestia, aos trabalhadores livres exercerem certas profissões.

A evolução do ensino profissionalizante no Brasil sempre esteve direcionada para a qualificação da classe proletária, a fim de gerar um trabalhador especializado, sendo necessário ao capital pagar o mínimo possível. Moura (2007) define que a educação profissional brasileira tem sua gênese dentro de uma perspectiva assistencialista, induzida a atender aqueles indivíduos que não possuíam condições sociais tidas como favoráveis, considerados "desvalidos de sorte", para que esses não insistissem na prática de atos que iam contra a ordem dos bons costumes.

No ano de 1799, ocorre a fundação do Seminário dos Órfãos, ou Casa dos Órfãos da Bahia. Essa instituição era responsável por recolher meninos órfãos e moradores de rua, ensinando saberes relacionados à religião, alfabetização, além de encaminhá-los para o trabalho qualificado em oficinas.

Em 1809, já no período Imperial, após a chegada da Família Real Portuguesa ao Brasil, D. João VI, através da promulgação de um Decreto, cria o Colégio das Fábricas, a primeira instituição fundada com o poder público, que tinha como objetivo ensinar o ofício mecânico a jovens aprendizes oriundos de Portugal. Entretanto, seu período de duração foi bastante curto, existindo até o ano de 1812. Contudo, é importante ressaltar que, apesar da brevidade, essa instituição foi modelo para a criação de outras que surgiram nas décadas seguintes, como as "Casas de Educandos Artífices (de 1840 a 1865); do Imperial Instituto de Meninos Cegos (1854); do Imperial Instituto dos Surdos-Mudos (1857); dos Liceus de Artes e Ofícios (1856); e dos Asilos de Meninos Desvalidos (1875)" (NASCIMENTO, 2020, p. 85).

É ainda nesse período que começam a ser criadas as primeiras Instituições de Ensino Superior no Brasil, que ofereciam formação específica para a atuação em cargos do Exército e cargos administrativos no Estado. Juntamente com isso, ocorre o surgimento das primeiras instituições voltadas para o ensino primário e secundário. Segundo Manfredi (2002), essas instituições de nível primário e secundário eram voltadas à inserção ao ensino superior, através da oferta do ensino formal. Em contrapartida, o Estado buscava formas de desenvolver um ensino que não fosse atrelado ao nível secundário ou superior, capaz de elaborar uma educação voltada para a criação de trabalhadores qualificados para a execução de ofícios manufatureiros.

Em 1840 ocorre a criação dos Colégios de Educandos e Artífices, ou Casas de Educandos Artífices, em várias capitais brasileiras. Em Fortaleza, sua sede foi inaugurada em 1854. Assim como suas antecessoras, essa instituição é dotada de uma visão assistencialista, de caridade e um tanto quanto "salvadora", preparando crianças e jovens, órfãos e pobres, para o mercado de trabalho, por meio de uma formação voltada para a criação de mão-de-obra barata e qualificada. Em Fortaleza, o Colégio de Educandos e Artífices foi essencial para o fornecimento de trabalhadores que atuaram no processo de modernização da cidade.

> Além disso, órfãos e crianças pobres foram acionados como pequenos trabalhadores pelos juízes de órfãos, em situações muitas vezes tensas e frequentemente nada benéficas à infância, o que revela muito das noções de amparo e assistência aos pobres nesse período. Assim, podemos pensar o Colégio de Educandos nesse mesmo ambiente de regulamentação do trabalho infantil, sendo possível verificar que as oficinas mantidas pelo governo, bem como as lições dirigidas aos órfãos, faziam parte do mesmo plano de abastecer a cidade de trabalhadores treinados e moralmente preparados para o serviço (LIMA, 2017, p. 3).

Em 1909, já então proclamada a República, o então presidente Nilo Peçanha, através da promulgação do Decreto 7.566 de 23 de setembro, institui a criação da Escola de Aprendizes e Artífices, argumentando que a sua fundação assegura a luta pela sobrevivência da classe trabalhadora em meio às dificuldades decorrentes do crescimento demográfico das grandes cidades (BRASIL, 1909), de modo que

> (...) para isso se torna necessário, não só habilitar os filhos dos desfavorecidos da fortuna com o indispensável preparo técnico e intelectual, como fazê-los adquirir hábitos de trabalho profícuo, que os afastará da ociosidade ignorante, escola do vício e do crime." (BRASIL, 1909, p. 1).

Diante dessa alegação, é explícito que o ensino profissionalizante segue acompanhado de uma desculpada assistencialista, que possibilita o distanciamento de cidadãos pobres de uma vida criminosa, mas que maquia o real objetivo: a criação de uma classe trabalhadora barata e qualificada.

Com a chegada de Vargas ao Poder, em 1930, e na tentativa de fixar de vez o capitalismo no Brasil, ocorre a chamada Revolução Industrial Brasileira. O cenário presente no Brasil durante esse período era de uma sociedade majoritariamente agrária, que dependia do cultivo do café e sofria com as consequências econômicas ocasionadas com a quebra da bolsa de valores em Nova Iorque um ano antes. Dessa maneira, a implementação ampla de indústria representou uma remodelação da sociedade, ocasionando um forte êxodo rural e o aumento da procura por mão de obra profissionalizada.

Em contrapartida a esse momento de transformações políticas, sociais e econômicas, o então Ministro da Educação e Saúde, Francisco Campos, implementou uma reforma no ensino brasileiro, conhecida como a Reforma Francisco Campos. Nesse momento, houve a reestruturação da educação formal, representando uma modernização do ensino secundário. Por outro lado, o ensino profissional foi quase que totalmente esquecido.

> O ensino secundário que surgia no início da década de 1930 era um ciclo de estudos longos e teóricos, que contrastava com os estudos curtos e práticos do ensino técnico-profissional ou normal. Naquele momento histórico o ensino secundário era, como afirmou o historiador francês Lucien Febvre, "o todo poderoso império do meio", que contribuía, decisivamente, para formar as elites dirigentes que se endereçavam aos cursos superiores – tanto na França como no Brasil (DALLABRIDA, 2009, p. 187).

Logo, é possível compreender que o não interesse por parte do Governo ao ensino profissionalizante era um reflexo dos interesses da elite em reestruturar o ensino formal, destinando-o à própria elite e tornando-a a única detentora do saber, restando ao proletariado o competia a produção de trabalhadores qualificados.

Em 1937, quando já instituído por Vargas o Governo Ditatorial conhecido como Estado Novo, a Constituição outorgada nesse mesmo ano trata do Art. 129 da temática do ensino profissionalizante, ressaltando que o mesmo é "destinado às classes menos favorecidas" (BRASIL, 1937). Ainda nesse ano, ocorre a transformação das Escolas de Aprendizes e Artífices em Liceus Profissionalizantes.

Ainda no período do Estado Novo, durante a Reforma Capanema, ocorreu o surgimento do SENAI, em 1942, e do SENAC, em 1946, além da regulamentação das modalidades de ensino em: primário, secundário, normal, comercial, agrícola e industrial.

Em 1942, os Liceus Profissionalizantes passaram a se chamar Escolas Industriais e Técnicas. Posteriormente, em 1959, são chamados de Escolas Técnicas, tornando-se os Centros Federais de Educação Tecnológica (CEFETs), em 1978, e então, em 2008, os Institutos Federais de Educação, Ciência e Tecnologia (Ifs).

Já em 1961, com a promulgação da Lei de Diretrizes e Bases da Educação Nacional nº 4.024 de 20 de dezembro, permitiu-se que alunos que receberam o ensino técnico e profissionalizante pudessem ingressar no ensino superior, algo que antes era somente resguardado a alunos vindos do ensino secundário. O Art. 79 § 3º nos fala que:

> Art. 79 § 3º A universidade pode instituir colégios universitários destinados a ministrar o ensino da 3ª (terceira) série do ciclo colegial. Do mesmo modo pode instituir colégios técnicos universitários quando nela exista curso superior em que sejam desenvolvidos os mesmos estudos. Nos concursos de habilitação não se fará qualquer distinção entre candidatos que tenham cursado esses colégios e os que provenham de outros estabelecimentos de ensino médio (BRASIL, 1961, s.p).

Alguns anos mais tarde, durante o período da Ditadura Militar, que se estendeu de 1964 a 1985, o ensino técnico compulsório foi implementado através da Lei nº 5.692/71, na tentativa de produzir mão-de-obra necessária para alcançar o tão esperado "milagre econômico". Com isso, tem-se uma tentativa de transferir o foco do ensino superior para o mercado de trabalho, de modo que se acreditava que ao oferecer a educação profissional, o indivíduo que concluísse os estudos não se sentiria incentivado a entrar no ensino superior, contentando-se com a introdução no mercado de trabalho. Todavia, é importante salientar que, enquanto a classe proletária se tornava mão-de-obra barata e qualificada, inserida no mercado de trabalho em busca de uma salvação econômica, a burguesia continuava a ocupar as universidades distribuídas pelo país.

> Ao longo do regime militar notamos abertamente esse caráter elitista e de divisão social no sistema de educação. Enquanto uns, classes burguesa e média, poderiam e deveriam ir para o ensino superior, outros, camadas mais pobres, teriam que se contentar com lugares sem nenhum privilégio ou sem grandes possibilidades de ascensão social, corroborando o ideário de uma escola conservadora dos padrões burgueses sociais. (CARLOS; CAVALCANTE; NETA, 2018, p. 90)

Já em 1996, com a queda da Ditadura e a volta da Democracia, a Lei de Diretrizes e Bases nº 9.394, de 20 de dezembro, traz modificações importantes à estruturação do ensino técnico profissionalizante, retirando sua obrigatoriedade e desvinculando-o da educação formal, na tentativa de reduzir o caráter dualista presente no ensino brasileiro. Dessa forma, a modalidade profissional passa a ser articulada de modo paralelo ao ensino propedêutico, na tentativa de se retirar o caráter assistencialista, atribuindo ao ensino profissionalizante a especificidade de um instrumento de inclusão social e certificação profissional (VIEIRA; SOUZA JUNIOR, 2017). Dessa forma, essa modalidade não se reduzia somente ao ensino médio, sendo agora distribuída em três vertentes, como aponta o Art. 39 § 1º e § 2º da LDB de 1996:

> Art. 39. A educação profissional e tecnológica, no cumprimento dos objetivos da educação nacional, integra-se aos diferentes níveis e modalidades de educação e às dimensões do trabalho, da ciência e da tecnologia.
>
> § 1º Os cursos de educação profissional e tecnológica poderão ser organizados por eixos tecnológicos, possibilitando a construção de diferentes itinerários formativos, observadas as normas do respectivo sistema e nível de ensino.
>
> § 2º A educação profissional e tecnológica abrangerá os seguintes cursos: I – de formação inicial e continuada ou qualificação profissional;
>
> II – De educação profissional técnica de nível médio;
>
> III – De educação profissional tecnológica de graduação e pós-graduação (BRASIL, 1996, s.p).

Ademais, a Lei de Diretrizes e Bases da Educação Nacional também é responsável por incluir o termo o termo Educação Profissional, que posteriormente com a nova redação, por meio da lei nº 11.741 de 2008, passa a se chamar Educação Profissional e Tecnológica, visando integrar camadas e categorias distintas referentes à educação, às condições de trabalho, da ciência e da tecnologia (BRASIL, 2008).

No ano seguinte, por meio do Decreto nº 2.208, de 17 de abril de 1997, ocorre a criação do Programa de Expansão da Educação Profissional (PROEP), promovendo a ampliação da Educação Profissional e a qualificação de jovens e adultos, independe do grau de escolaridade, objetivando a inserção e o melhor desempenho no mercado de trabalho (BRASIL, 1997). Contudo, conforme afirma Vieira e Souza Junior (2017), a criação do PROEP foi responsável por fortalecer a dualidade na educação brasileira, sendo dividida entre o ensino o ensino propedêutico e o ensino profissional.

> Uma das políticas educacionais de cunho neoliberal que expressa essa assertiva foi o Decreto nº 2208/97, que regulamentou a educação profissional no país. Dentre outras regulamentações, o decreto determinou a separação entre os currículos da educação profissional e do ensino médio. Como consequência dessa não integração, o resultado foi o fortalecimento da continuidade de um ensino fragmentado, dualista e propedêutico, em que o ensino médio (principalmente o privado) continuava preparando a classe mais abastada para ingresso na educação superior e o ensino profissionalizante ficava como "opção" para aqueles alunos (principalmente os que frequentaram escolas públicas) que muitas vezes sequer conseguiam terminar seus estudos, para tentar o acesso a uma universidade (SILVEIRA DE MORAES; GOIABEIRA DOS SANTOS, 2019, p. 31).

Moura (2007) vai além na crítica e evidencia a iniciativa como parte do processo de privatização do estado brasileiro em cumprimento das políticas neoliberais, facultando os recursos públicos nacionais à iniciativa privada a valores irrisórios.

Quase uma década depois, em 2005, ocorre a criação da primeira fase do Plano de Expansão da Rede Federal de Educação Profissional e Tecnológica, através da promulgação da Lei n.º 11.195, de 18 de novembro, que previa a criação de novas unidades de ensino. Durante a primeira fase foram construídas 64 unidades de ensino.

ENSINO DE CIÊNCIAS E MATEMÁTICA **169**

Também em 2005, ocorreu a criação, por meio do Decreto nº 5.478, de 24 de junho, do Programa de Integração da Educação Profissional ao Ensino Médio na Modalidade de Educação de Jovens e Adultos (PROEJA), sendo esse Decreto substituído no ano seguinte pelo Decreto nº. 5.840, de 13 de julho de 2006. A construção desse programa previa a junção da educação básica com a educação profissional tecnológica, sendo concedida gratuitamente, de maneira pública, igualitária e universal a jovens e adultos pertencentes à modalidade EJA. (SANTOS; GROSSI, 2011).

Já em 2007, inicia-se a segunda fase do Plano de Expansão da Rede Federal de Educação Profissional e Tecnologia, que prometia até o final de 2010 a criação de mais de 354 unidades de ensino, com o investimento de 1,1 bilhão de reais, possibilitando a criação de mais de 500 mil vagas. (MEC, 2009).

Já em 2011, por meio da Lei n.º 12.513, que institui a criação do Programa Nacional de Acesso ao Ensino Técnico e Emprego (PRONATEC), com a finalidade ampliar o acesso à educação profissional e tecnológica, através da oferta de projetos, programas e assistência técnica e financeira (BRASIL, 2011). Contudo, a criação do PRONATEC, assim como a ampliação da Educação Profissional, vai em direção contrária a luta da classe trabalhadora contra a exploração determinada pelo sistema capitalista. Nesse âmbito, Santos e Moura (2015, p. 07), são categóricos ao afirmarem que:

> A educação profissional no Brasil precisa ser vista como parte de direito à educação, o que temos presenciado é que no decorrer da história, ela vem sendo tratada como acessório e este, visa a contenção social dos indivíduos, que são empurrados pela educação recebida, a atender as demandas do capitalismo. As intencionalidades não declaradas nos marcos legais, das políticas públicas de educação profissional no Brasil, têm gerado ao longo dos anos, exclusão, desigualdade e têm evidenciado sua centralidade nos interesses do capital. A desintegração entre teoria e prática na formação recebida pela classe trabalhadora, o que tem sido a intencionalidade não declarada do Pronatec, fragmentam ainda mais, os conhecimentos adquiridos, o que acirra a divisão entre trabalho intelectual e trabalho manual, já existente numa sociedade dividida em classes, colocando a classe trabalhadora em situação ainda mais frágil ante a possibilidade de transformação social.

Em 2013, essa legislação foi alterada pela Lei nº 12.816, de 5 de junho, que é responsável por ampliar o quadro de beneficiários e ofertantes da Bolsa-Formação Estudante no âmbito do PRONATEC (BRASIL, 2013).

Em 2015, no dia 16 de setembro, é então publicada a primeira versão da Base Nacional Comum Curricular. No que se refere ao Ensino Profissionalizante, o documento aborda que, tradicionalmente, essa etapa escolar do ensino médio se divide em duas modalidades distintas: a pré-universitária e a profissionalizante, reforçando o caráter dualista que acompanha a educação brasileira. Contudo, reafirma que, independentemente da escolha do estudante, é dever do Estado oferecer uma formação sólida (BRASIL, 2015).

No ano seguinte, com a publicação da segunda versão da BNCC, em 3 de maio de 2016, reiterou-se à garantia de uma educação robusta aos estudantes pertencentes à educação profissionalizante, garantindo a esses indivíduos o desenvolvimento de condições favoráveis que permitam a realização pessoal e profissional (BRASIL, 2016)

Já em 2017, com a queda do Governo Dilma, e a ascensão do Governo antidemocrático de Michel Temer, por meio da Medida Provisória nº 746, de 22 de setembro de 2016, que posteriormente deu origem a Lei nº 13.415, de 16 de fevereiro de 2017, responsável por instaurar o Novo Ensino Médico e determinar as diretrizes da mais recente versão da BNCC, publicada em 2018.

No que se relaciona ao ensino profissionalizante, a terceira versão da BNCC, que agora conta com uma estruturação curricular baseada em itinerários formativos, traz a formação técnica e profissional nessa modalidade. Em decorrência disso, compreende-se que trazer a formação profissional como parte do currículo escolar do Novo Ensino Médio, tomando o lugar de conteúdos relacionados ao ensino formal, não mais de maneira paralela como previa a LDB, reforça a relação dicotômica presente na educação brasileira, dividindo-a entre o ensino propedêutico e a formação profissional, já que duvidosamente essa última seria escolhida pelas classes dominantes, sendo destinada única e exclusivamente a classe trabalhadora.

Devemos lembrar que, ao longo da história, as reformas e as políticas de expansão da educação profissional no Brasil têm sido impulsionadas pelas motivações economicistas, em geral, distantes das necessidades dos indivíduos em sua formação humana e social. Após um período de lutas marcadas pela busca de integração da educação profissional ao ensino médio, a BNCC se caracterizou pela manutenção da dualidade entre o ensino propedêutico e profissional e, de forma mais segregadora, promovendo a fragmentação no interior do ensino médio. Na prática, a BNCC cria uma dualidade ampliada, ao configurar o itinerário formação técnica e profissional, associando a redução da carga horária do ensino médio à precarização na estrutura dos cursos profissionalizantes, além da possibilidade de limitação de acesso dos seus egressos ao ensino superior (BOANAFINA; OTRANTO; MACEDO, 2022, p.726).

Logo, nota-se os esforços de políticas baseadas no pensamento neoliberal, que usam o ensino brasileiro como artifício para suprir as demandas capitalistas, sendo a BNCC um belo exemplo dessa relação, que ao adotar a formação profissional como parte integrante do currículo escolar do ensino médio, sendo essa uma singularidade pertinente à educação pública, enrijece a representação de que as camadas menos abastadas da sociedade servem estritamente para integrar o mercado de trabalho no papel de mão-de-obra barata e qualificada.

Considerações Finais

Diante do que foi exposto, nota-se que, desde o período colonial, o ensino profissional no Brasil está inserido em um cenário pautado na exploração dos menos favorecidos, de modo que o seu surgimento é motivado pelo interesse em introduzir indivíduos marginalizadas na realização de trabalhos manuais no interior das oficinas ou dos grandes engenhos, em decorrência da necessidade de um trabalhador qualificado, a fim de suprir as demandas do sistema econômico.

Hoje, o ensino profissionalizante é um reflexo de toda sua jornada até aqui, que segue direcionado exclusivamente à classe trabalhadora, para formar, como Frigotto gosta de chamar, um "cidadão produtivo", útil ao capital ao longo das cadeias produtivas, como uma mera engrenagem de um maquinário que não para de funcionar, indo em sentido contrário à luta do proletariado e o processo de emancipação do trabalhador.

Mudanças mais recentes, como a implementação da BNCC, trazem à luz as investidas do capital no ensino brasileiro, a fim de alcançar suas expectativas. A volta do ensino profissionalizante, como parte do currículo escolar do ensino médio, retrata o retrocesso educacional, que fomenta a dualidade da educação e nega o conhecimento formal somente aos filhos do proletário, tendo em mente que a burguesia nada aceita perder. Logo, toda essa realidade é resultado de um sistema que usa da educação como artifício de dominação de toda uma classe, resultando na construção de um trabalhador cada vez mais alienado.

Referências

BOANAFINA, A.; OTRANTO, C. R.; MACEDO, J. M. de. A educação profissional e a BNCC: Políticas de exclusão e retrocessos. **Revista Ibero-Americana de Estudos em Educação**, Araraquara, v. 17, n. esp.1, p. 0716–0733, 2022. DOI: 10.21723/ri-aee.v17iesp.1.15783. Disponível em: https://periodicos.fclar.unesp.br/iberoamericana/article/view/15783. Acesso em: 14 maio. 2023.

BRAIBANTE, M. E. F; PAZINATO, M. S; ROCHA, T. R. da; FRIEDRICH, L. da S; NARDY, F. C. A Cana-de-Açúcar no Brasil sob um olhar químico e histórico. **Química Nova Na Escola**, v. 35, n° 1, p. 3-10, 2013. Acesso em: 10 maio 2023.

BRASIL. **Constituição da República dos Estados Unidos do Brasil de 1937**. Disponível em: https://www2.camara.leg.br/legin/fed/consti/1930-1939/constituicao-35093-10-novembro-1937-532849-publicacaooriginal-15246-pl.html.

BRASIL. Ministério da Educação. **Base Nacional Comum Curricular**. Brasília: MEC, 2015.

BRASIL. Ministério da Educação. **Base Nacional Comum Curricular**. Brasília: MEC, 2016.

BRASIL. Ministério da Educação. **Base Nacional Comum Curricular**. Brasília: MEC, 2018.

BRASIL. Ministério da Educação. **Rede Federal de Educação Profissional, Científica e Tecnológica**. 2009. Disponível em: http://portal.mec.gov.br/escola-de-gestores-da-educacao-basica/304-programas-e-acoes-1921564125/catalogo-nacional-de-cursos-tecnicos-281062090/12353-rede-federal-de-educacao-profissional-cientifica-e-tecnologica.

ENSINO DE CIÊNCIAS E MATEMÁTICA

BRASIL. **Decreto nº 7.566, de 23 de setembro de 1909**. Crêa nas capitaes dos Estados da Republica Escolas de Aprendizes Artifices, para o ensino profissional primario e gratuito. Rio de Janeiro, 23 de setembro de 1909, 88° da Independência e 21° da Republica. Disponível em: https://www2.camara.leg.br/legin/fed/decret/1900-1909/decreto-7566-23-setembro-1909-525411-publicacaooriginal-1-pe.html#:~:text=Decreta%3A,Paragrapho%20único.

BRASIL. **Decreto nº 2.208 de 17 de abril de 1997**. Regulamenta o §2º do art. 36 e os artigos 39 a 42 da Lei 9.394, de 20 de dezembro de 1996, que estabelece as diretrizes e bases da educação nacional. Brasília, 1997. Disponível em: http://portal.mec.gov.br/seesp/arquivos/pdf/dec2208.pdf.

BRASIL. **Lei nº 4.024, de 20 de dezembro de 1961**. Fixa as Diretrizes e Bases da Educação Nacional. Diário Oficial da União: Seção 1, Página 11429, 27 dez. 1961. Disponível em: https://www2.camara.leg.br/legin/fed/lei/1960-1969/lei-4024-20-dezembro-1961-353722-publicacaooriginal-1-pl.html.

BRASIL. **Lei nº 9.394, de 20 de dezembro De 1996**. Estabelece as diretrizes e bases da educação nacional. Brasília, 20 de dezembro de 1996. Disponível em: http://www.planalto.gov.br/ccivil_03/leis/l9394.htm#:~:text=L9394&text=Estabelece%20as%20diretrizes%20e%20bases%20da%20educação%20nacional.&text=Art.%201º%20A%20educação%20abrange,civil%20e%20nas%20manifestações%20culturais.

BRASIL, **Lei nº 11.741, de 16 de julho de 2008**. Altera dispositivos da Lei nº 9.394, de 20 de dezembro de 1996, que estabelece as diretrizes e bases da educação nacional, para redimensionar, institucionalizar e integrar as ações da educação profissional técnica de nível médio, da educação de jovens e adultos e da educação profissional e tecnológica. Brasília, 16 de julho de 2008. Disponível em: http://www.planalto.gov.br/ccivil_03/_Ato2007-2010/2008/Lei/L11741.htm#art1.

BRASIL. **Lei nº 12.513, de 26 de outubro de 2011**. Institui o Programa Nacional de Acesso ao Ensino Técnico e Emprego (Pronatec); altera as Leis nº 7.998, de 11 de janeiro de 1990, que regula o Programa do Seguro-Desemprego, o Abono Salarial e institui o Fundo de Amparo ao Trabalhador (FAT), nº 8.212, de 24 de julho de 1991, que dispõe sobre a organização da Seguridade Social e institui Plano de Custeio, nº 10.260, de 12 de julho de 2001, que dispõe sobre o Fundo de Financiamento ao Estudante do Ensino Superior, e nº 11.129, de 30 de junho de 2005, que institui o Programa Nacional de Inclusão de Jovens (ProJovem); e dá outras providências. Brasília, 26 de outubro de 2011. Disponível em: https://www.planalto.gov.br/ccivil_03/_ato2011-2014/2011/lei/l12513.htm.

BRASIL. **Lei nº 12.816, de 5 de junho de 2013.** Altera as Leis nºs 12.513, de 26 de outubro de 2011, para ampliar o rol de beneficiários e ofertantes da Bolsa-Formação Estudante, no âmbito do Programa Nacional de Acesso ao Ensino Técnico e Emprego –

ENSINO DE CIÊNCIAS E MATEMÁTICA

PRONATEC; 9.250, de 26 de dezembro de 1995, para estabelecer que as bolsas recebidas pelos servidores das redes públicas de educação profissional, científica e tecnológica, no âmbito do Pronatec, não caracterizam contraprestação de serviços nem vantagem para o doador, para efeito do imposto sobre a renda; 8.212, de 24 de julho de 1991, para alterar as condições de incidência da contribuição previdenciária sobre planos educacionais e bolsas de estudo; e 6.687, de 17 de setembro de 1979, para permitir que a Fundação Joaquim Nabuco ofereça bolsas de estudo e pesquisa; dispõe sobre o apoio da União às redes públicas de educação básica na aquisição de veículos para o transporte escolar; e permite que os entes federados usem o registro de preços para a aquisição de bens e contratação de serviços em ações e projetos educacionais. Brasília, 5 de junho de 2013. Disponível em: http://www.planalto.gov.br/ccivil_03/_ato2011-2014/2013/lei/l12816.htm.

CARLOS, N. L.; CAVALCANTE, I.; NETA, O. A EDUCAÇÃO NO PERÍODO DA DITADURA MILITAR: O ENSINO TÉCNICO PROFISSIONALIZANTE E SUAS CONTRADIÇÕES (1964-1985). **Revista Trabalho Necessário**, v. 16, n. 30, p. 83-108, 21 nov. 2018.

DALLABRIDA, N. A reforma Francisco Campos e a modernização nacionalizada do ensino secundário. **Educação**, [S. l.], v. 32, n. 2, 2009. Disponível em: https://revistaseletronicas.pucrs.br/ojs/index.php/faced/article/view/5520. Acesso em: 11 maio. 2023.

FERREIRA, O. L. **História do Brasil**. São Paulo: Ática, 1995.

FONSECA, C. S. da. **História do Ensino Industrial no Brasil**. Rio de Janeiro, 1961.

LIMA, A. C. P..Colégio dos Educandos Artífices: As crianças pobres e a educação profissional no século XIX (Fortaleza, 1856?1866). In: IV COLÓQUIO NACIONAL, I COLÓQUIO INTERNACIONAL: A PRODUÇÃO DO CONHECIMENTO EM EDUCAÇÃO PROFISSIONAL, 2017, Natal. **Anais** do IV COLÓQUIO NACIONAL, I COLÓQUIO INTERNACIONAL: A PRODUÇÃO DO CONHECIMENTO EM EDUCAÇÃO PROFISSIONAL, 2017.

MANFREDI, S. M. **Educação Profissional no Brasil**. São Paulo: Cortez, 2002.

MOURA, D. H. Educação Básica e Educação Profissional e Tecnológica: dualidade histórica e perspectivas de integração. **Holos**, n. 23, v. 2, 2007.

NASCIMENTO, J. M. do. Ensino profissional brasileiro no século XIX: ações assistencialistas e de reeducação pela aprendizagem de ofícios. **História Revista**, 25(2), 76–98, 2020. https://doi.org/10.5216/hr.v25i2.63681.

NÓBREGA, E. F. da; SOUZA, F. das. C. S. EDUCAÇÃO PROFISSIONAL NO BRASIL: uma trajetória de dualidade e exclusão. **Revista Ensino Interdisciplinar**, v. 1, n. 3, 2015.

PILETTI, N. **História do Brasil**. São Paulo: Ática, 1996.

RODRIGUES, G. S. de S. C; ROSS, J. L. S. **A trajetória da cana-de-açúcar no Brasil: perspectivas geográfica, histórica e ambiental**. Uberlândia: EDUFU, 2020.

RUBEGA, C. C.; PACHECO, D. A formação da mão-de-obra para a indústria química: uma retrospectiva histórica. **Ciência & Educação (Bauru)**, v. 6, n. 2, p. 151–166, 2000.

SANTOS, A. J. dos; GROSSI, M. G. R. Conhecendo o PROEJA: análise do documento-base da educação profissional. **Educação & Tecnologia**, [S.I.], v. 15, n. 3, jun. 2011. ISSN 2317-7756. Disponível em: <https://periodicos.cefetmg.br/index.php/revista-et/article/view/281>. Acesso em: 13 maio 2023.

SANTOS, A. M. A. dos; MOURA, D. H. PRONATEC: Algumas reflexões sobre os (des)caminhos da educação profissional no Brasil. In: II CONEDU – Congresso Nacional de Educação, 2015, Campina Grande. **Anais** do II CONEDU – Congresso Nacional de Educação, 2015, Campina Grande: Realize Editora, 2015. Disponível em: <https://editorarealize.com.br/artigo/visualizar/16833>. Acesso em: 12/05/2023 18:17

SILVEIRA DE MORAES, L. C. .; GOIABEIRA DOS SANTOS, N. C..EDUCAÇÃO DE JOVENS E ADULTOS: O PROEJA NO RESGATE DO DIREITO À ESCOLARIZAÇÃO E PROFISSIONA-LIZAÇÃO. **Linguagens, Educação e Sociedade**, [S. I.], n. 42, p. 29-50, 2019. DOI: 10.26694/les.v0i42.9337. Disponível em: https://periodicos.ufpi.br/index.php/lingedusoc/article/view/1102. Acesso em: 13 maio. 2023.

VIEIRA, A. M. D. P.; JUNIOR, A. de S. A educação profissional no Brasil. **Revista Interacções**, [S. I.], v. 12, n. 40, 2017. DOI: 10.25755/int.10691. Disponível em: https://revistas.rcaap.pt/interaccoes/article/view/10691. Acesso em: 12 mai. 2023.

WITTACZIK, L. S. Educação Profissional no Brasil: histórico. **Revista e-TECH**: Tecnologias para Competitividade Industrial – ISSN – 1983-1838, [S. I.], v. 1, n. 1, p. 77–86, 2008. DOI: 10.18624/e-tech.v1i1.26. Disponível em: https://etech.emnuvens.com.br/revista-cientifica/article/view/26. Acesso em: 15 maio. 2023.

ZEMELLA, M. P. Os ciclos do pau-brasil e do açúcar. **Revista de História**, [S. I.], v. 1, n. 4, p. 485-494, 1950. DOI: 10.11606/issn.2316-9141.v1i4p485-494. Disponível em: https://www.revistas.usp.br/revhistoria/article/view/34872. Acesso em: 10 maio. 2023.

A RELAÇÃO ARTE-CIÊNCIA NA FORMAÇÃO DOCENTE

Aiza Bella Teixeira da Silva
Caroline de Goes Sampaio
Victor Emanuel Pessoa Martins
Raphael Alves Feitosa

Resumo

A ciência e a arte trabalham juntas desde o final da Idade Média. O Renascimento foi um dos períodos que produziu muitas contribuições importantes. Atualmente, essa interação ainda está produzindo diálogo, com diferentes expressões artísticas e científicas. Na educação, a ciência é um assunto importante e que demanda muita atenção, mas a forma como é ensinada pode torna-la pouco atraente ou mesmo de baixa qualidade. Um professor muitas vezes fica preso ao seu livro didático e ao método tradicional de ministrar aulas, que interrompe sua prática pedagógica e o desenvolvimento da aprendizagem sem introduzir abordagens criativas. Para melhor focar nas necessidades dos alunos, os professores devem adotar técnicas que levem em consideração seus conhecimentos. Além disso, é necessário um diálogo entre arte e ciência para que alternativas educacionais possam ser exploradas. Assim, o objetivo deste estudo é refletir sobre relações dialógicas entre Arte e Ciência e explorar modos possíveis de promover tal diálogo na formação docente.

Palavras-chave: *Arte, Ciência, Formação docente.*

Introdução

A arte e a ciência vêm estabelecendo claras interações, em nossa cultura, desde o final da idade média. O Renascimento, em um primeiro momento, provavelmente foi um dos períodos onde esses dois campos estiveram mais próximos, apresentando importantes descobertas e contribuições. Hoje essa interação ainda vem produzindo um diálogo, levando a interpretações semelhantes do universo e da natureza, mas com expressões artísticas e científicas diferentes (REIS, GUER-RA BRAGA, 2006; SILVA, NEVES, 2014).

Segundo Krasilchick (2008), no campo da educação, a disciplina de Ciências da Natureza é uma das mais importantes, que demanda maior atenção, e a forma como é ensinada pode torna-la pouco atraente e até mesmo carente de qualidade. Para Farias, Costa e Telichevesky (2017) o professor se prende copiosamente ao livro didático, ficando preso ao modelo tradicional de ministrar aulas, e que isso interfere na prática pedagógica e no desenvolvimento da aprendizagem, sem introduzir abordagens criativas.

No entanto, afastando-se dessa postura tradicional, é fundamental que o professor adote técnicas que destaquem a contextualização e valorização do conhecimento existente dos alunos, para adotar determinadas habilidades exigidas pela sociedade. Além da necessidade de focar em assuntos que levem em consideração a realidade do aluno essas habilidades necessárias devem estar presentes desde a formação de professores (FEITOSA; LEITE, 2012).

Logo, se a docência "é como um ato artístico" (FEITOSA; LEITE, 2011, p. 69), é preciso compreender melhor o vínculo entre arte e ciência para que alternativas didático-pedagógicas possam ser exploradas, afim de modificar a forma como o ensino vem atuando, na escola e formação docente. Dessa forma, a educação deve promover a investigação, curiosidade, criatividade e a produção de formas variadas de percepção do mundo (FERREIRA, 2010).

Esse estudo se justifica pela necessidade de estabelecer um diálogo entre Arte-Ciência no ensino e formação docente. Consequentemente, entender quais efeitos a relação Arte-Ciência pode ter na formação docente, através do levantamento da produção científica voltada a formação docente, arte e ciências.

Portanto o objetivo desta pesquisa é refletir sobre relações dialógicas entre a Arte e Ciência e explorar modos possíveis de promover tal diálogo na formação docente. Para isso, foi realizado um estudo bibliográfico para entender como a Arte e a Ciência vêm se desenvolvendo através dos séculos e como esse vínculo pode contribuir para a formação de professores e traçar novos rumos para o ensino de Ciências da Natureza.

Referencial Teórico

Um movimento artístico e cultural marcou o final da idade média e o início da idade moderna a aproximação entre arte e ciência, conhecido como Renascimento ou Renascença. Iniciado na Itália, esse período foi caracterizado pela inovação na arte e superação de antigas perspectivas religiosas. O Renascimento deu origem à reverência ao gênio, ao homem que se dedica à arte, à ciência e aos conhecimentos humanísticos, como gramática e dialética pois desenvolvem seus atributos fundamentais (FONSECA, 1997). Logo, surgiram os casos mais representativos da união entre arte e ciência no medievo europeu: as obras de Michelangelo Buonarroti e Leonardo da Vinci. (SOARES, 2017).

Michelangelo além de arquiteto, pintor e poeta, também era escultor, tendo preferência por essa atividade; demostrava realismo e beleza em seus trabalhos. Seus estudos de anatomia contribuíram para a criação de esculturas em mármore e em pinturas com intrincados detalhes de ossos, veias e músculos. Essas características produziam a impressão de movimento e comunicava sentimentos e sensações como medo, desespero, angústia, de forma vivida (MARTINS, 2008).

O segundo nome em destaque e talvez o mais famoso artista e cientista do renascimento europeu, seria Leonardo Da Vinci. Esse artista se destaca por sua criatividade, genialidade e excelência nas áreas da ciência, arte, arquitetura, astronomia, engenharia e física. Sua obra científica é imensa, "por esta diversificação de áreas de interesse e pela sua genialidade em todas elas, Leonardo transcende em muito os limites de uma história da arte (...)" (FONSECA, 1997, p. 2).

Leonardo adquiriu conhecimento por meio da observação e experiência. Ele estudou os ossos do pé, os dentes, reconheceu os músculos do rosto, retratou o bíceps entre outras anotações feitas durante as dissecções no hospital Santa Maria Nuova, em Florença. Ele inventou estratégias inovadoras de desenho, onde é possível retratar o resultado de inúmeras dissecações, além de várias outras camadas do espécime dissecado que não podiam ser observadas em uma visão direta da superfície; um método que nunca foi usado anteriormente (JOSE, 2001).

Ainda, Leonardo da Vinci empregava ciência em sua arte e arte em sua ciência, já que aprendeu anatomia humana por meio de desenhos e em seguida os aplicava em suas obras, configurando assim a ciência visual. Os textos presentes em suas anotações eram componentes secundários do instrumento principal, o desenho. "O objetivo de Leonardo Da Vinci era uma ciência cuja elaboração ocorria desenhando e cujos resultados expressavam concepções da filosofia natural da época" (KICKHÖFEL, 2011, p. 353).

Esse interesse no estudo da estrutura do corpo, órgãos e suas funções, teve influência significativa e gerou um grande impacto na ciência no período da Renascença. A filosofia do médico Cláudio Galeno (c.130-200 d.C.) que durou por quase treze séculos, já estava tão enraizada que reprimiu os estímulos para estudos mais aprofundados e pesquisas futuras. Mas, o fato é que a anatomia de Galeno era baseada na dissecação de macacos e outros animais e não em seres humanos. Logo, com os novos conhecimentos, a compreensão que se tinha até então sobre a "anatomia humana", começaram a ser questionadas e estudadas (JOSE, 2001).

O Renascimento da civilização europeia coincidiu com o surgimento de novas práticas científicas, descobertas cosmológicas e utilização de métodos para entender a realidade. Na chamada Revolução Científica a sistemática, a "matematização" e a precisão se tornaram sinônimos de eficácia científica. Esse período apresentou os primeiros fundamentos e conceitos que impulsionaram a ciência moderna (DAMIÃO, 2018).

Ciência e Ensino

A ciência é dinâmica e vem se desenvolvendo ao longo dos anos, contando com ideias e descobertas passadas de geração em geração. Para compreender e experimentar o mundo, as primeiras culturas humanas usaram a ciência em conjunto com a religião e a tecnologia. Com isso, foi possível observar que a ciência não está presente apenas em eventos complexos, mas também em coisas simples, como o cultivo de alimentos, o nascer e o pôr do sol (BYNUM, 2014).

A ciência moderna caracterizou-se pela matematização dos fenômenos naturais. Contudo, a matemática por si só não é suficiente para a ciência; há também os conceitos que constituem a mente, ou seja, as ideias que vem da imaginação. Estas nos permitem ver casos no cosmos que de outra forma seriam invisíveis, como elétrons, DNA e matéria. A imaginação, como a arte, permite que os cientistas descrevam o mundo por meio de ideias (FERREIRA, 2010).

Mas para que o conhecimento adquirido através de estudos seja acessível é necessário que este seja ensinado. No Brasil, entre 1980 a 1990 havia propostas de melhoria ao ensino de Ciências, com foco na alfabetização científica, no entanto, estas traziam deficiências graves em sua epistemologia e didática, o que retardou a formação da criticidade do sujeito, em sua consciência e participação. Foi considerada a condição de melhoria no que se refere a uma sólida formação de professores nas partes científicas e pedagógicas, que ao final, foi atendido o ideário vigente da época, reproduzindo apenas os interesses das classes dominantes (NASCIMENTO; FERNANDES; MENDONÇA, 2010).

Em 1998, uma abordagem mais investigativa foi aplicada nos Parâmetros Curriculares Nacionais (PCN), o primeiro nível de implementação curricular de instituições escolares. Estes defendiam que a escola e os professores tivessem a responsabilidade de promover o debate, investigação e o questionamento, em busca da compreensão da ciência, superando a passividade do ensino, que consistia apenas na memorização (BRASIL, 1998). A Base Nacional Comum Curricular veio posteriormente aos PCNs, tendo como objetivos que a aprendizagem exercitasse a curiosidade intelectual, além de exercer "a investigação, a reflexão, a análise crítica, a imaginação e a criatividade" para elaboração de teses e hipóteses e formular teorias na resolução de problemas (BRASIL, 2018, p. 9; BATISTA; SILVA, 2018).

No ensino de Ciências, o aluno é convidado a observar o meio natural no qual está vivendo, fazer questionamentos e procurar respostas. Dessa forma, a arte aliada ao ensino, pode servir de ponte para ajudar na compreensão de animais microscópicos e estruturas que seriam difíceis de observar na realidade em que se encontram. Ainda pode ser aplicada, por exemplo, no estudo da anatomia, visto que, muitas vezes é inviável para a escola arcar com materiais como modelos anatômicos do corpo humano (LISBOA; VIELMO; MARINHO, 2020).

A Formação docente

No Brasil, em 1968, com a criação de faculdades e centros de educação, a formação de professores tornou-se parte permanente de discussão nesses campos. Ainda, houve um crescimento da investigação das práticas docentes nas universidades e a implementação de leis e normas obrigatórias, como a Lei de Diretrizes e Bases (LDB, 1996) e Diretrizes Curriculares Nacionais (DCN, 2002), para instituir termos na estruturação curricular, carga horária e princípios formativos (DINIZ- PEREIRA, 1999, FILHO; OLIVEIRA; COELHO, 2021).

Atualmente, ainda existem muitos fatores que influenciam o ensino e aprendizagem de Ciências da Natureza, a principal dificuldade encontrada é a falta de formação específica de professores para ensinar a disciplina. Os professores são submetidos a adversidades, seja pelas condições de trabalho, jornadas cansativas, salas superlotadas ou por cobranças no trabalho. Essas barreiras podem fazer com que a profissão ou a formação específica na área da ciência e a carreira docente pareçam pouco atrativas. Mas para Silva, Ferreira e Vieira (2017), a atuação do professor é fundamental, mesmo com tantos desafios, o professor tem muitas vezes que se reinventar, "mesmo sem as condições necessárias", utilizando os recursos disponíveis, ou criando seu próprio material, para tornar as aulas mais atrativas.

Além disso, a sociedade exige que o professor seja alguém comprometido, competente, crítico, aberto às mudanças, exigente e interativo. Logo, a formação de professores precisa incorporar em seu processo o conhecimento das novas tecnologias, estímulo à pesquisa, capacidade de instigar o aluno a construir hipóteses e estabelecer uma relação entre teoria e prática para a construção dos saberes (MERCADO 1998).

> As condições do exercício profissional dos professores interagem com as condições de formação em sua constituição identitária profissional, conduzindo a formas de atuação educativas e didáticas que se refletem em seu processo de trabalho. Daí a necessidade de se repensar entre nós os processos formativos de professores, de um lado, e sua carreira, de outro (GATTI, p. 168, 2016).

O "sucesso" desse desenvolvimento profissional deve ocorrer durante sua formação, pois é quando o professor se torna mais consciente de sua própria prática docente, ao invés de apenas repetir o que aprendeu (BAPTISTA, 2003). Nesse caso, o professor deve adotar um olhar mais inquisitivo, sensível e interessado, semelhante ao de artistas e cientistas "[...] motivados a inquirir, a procurar ver de modo mais profundo, mais interessado e, ao mesmo tempo, mais abrangente no seu alcance (...)" (RANGEL; ROJAS, 2014, p. 75).

Cachapuz (2014) acredita que incorporar a arte na formação de professores de ciências pode ser um ponto de partida fundamental para discutir a função e as limitações da observação na ciência, particularmente a ligação entre observação e teoria. O autor também narra que a arte e a ciência podem melhorar a qualidade do ensino de ciências, bem como dar aos professores a oportunidade de ultrapassar as rotinas de trâmites burocráticos a qual estão vinculados.

A Base Nacional Comum Curricular (BNCC) "define o conjunto de aprendizagens que deve ser perpassado ao longo da trajetória do aluno na Educação Básica no território nacional" (MUNERATTO et al., 2020, p. 116). Dessa forma, o ensino de ciências deve atribuir aos discentes a aptidão para entender, interpretar e transformar o mundo, com base nos conhecimentos teóricos adquiridos (HILARIO; CHAGAS, 2020).

Nesse ponto, podemos apontar a proximidade que a relação arte e ciência faz com uma das competências gerais da Base Nacional Comum Curricular (BNCC):

> Utilizar diferentes linguagens – verbal (oral ou visual-motora, como Libras, e escrita), corporal, visual, sonora e digital –, bem como conhecimentos das linguagens artística, matemática e científica, para se expressar e partilhar informações, experiências, ideias e sentimentos em diferentes contextos e produzir sentidos que levem ao entendimento mútuo. (BRASIL, 2018).

Nesse aspecto, a arte amplia e reforça o repertório instrucional, permitindo ir além do conhecimento científico, integrando prática e cooperação, transcendendo o debate técnico na educação. A incorporação desses princípios artísticos na educação e formação de professores promove humanismo, flexibilidade e tato ao lidar com imprevistos, preparando melhor os professores para a profissão docente. Nesta abordagem, o trabalho docente não pode ser visto separado do ambiente onde está inserido (CAPRA; LOPONTE, 2016).

Matheus Silva e Penha Silva (2021 trazem exemplos da aplicação da arte e da ciência na formação de professores. Os autores estudam como estudantes de graduação abordam conceitos científicos, arquétipos e experiências através da expressão criativa do desenho. Eles usaram gráficos do livro de Bunpei Yorifuji (2013), "O fantástico mundo dos elementos: a tabela periódica personificada". Neste estudo o autor dá a cada elemento químico uma forma humanoide. Com isso, os licenciandos usaram esse conhecimento para criar representações de um elemento químico de sua escolha.

Em suas conclusões, os autores relatam que os alunos produziram seus próprios desenhos de elementos e os incluíram com outros aspectos relacionados a essas características. Para eles, como desenhos, diagramas e figuras aparecem tanto em trabalhos científicos quanto em situações educacionais, as imagens podem ser consideradas uma ferramenta de divulgação científica tanto no ambiente escolar como fora dele. Os autores terminam apontando o potencial da interação entre arte e ciência ao auxiliar não apenas na sua compreensão, mas também no desenvolvimento de percursos da formação de professores.

Já Monikeli Silva e Camila Silva (2017) investigaram visões de graduandos sobre componentes formativos de uma performance artística baseada na poesia "Física" de José Saramago. As entrevistas dos alunos indicaram que a perspectiva atual era de que a poesia é um elemento presente na formação docente que se manifesta como uma expressão estética que auxilia a criatividade e a contemplação em abordagens de ensino. Além disso, sugerem que a atuação artística e científica deu ingredientes para os futuros professores inovarem em sala de aula, permitindo-lhes pensar de forma mais ampla sobre o processo educacional.

Assim, como foi observado, diversas possibilidades metodológicas articulando arte e ciência no ensino científico têm crescido nos últimos anos, desempenhando um papel essencial na construção de conhecimentos. Entende-se que articular arte e ciência em sala de aula é uma tarefa difícil que necessita de esforço e colaboração com outros profissionais da educação. No entanto, essa conexão deve ser feita na formação inicial dos professores para que esses campos possam reter possíveis articulações estabelecidas em sala de aula (FERREIRA,2012).

Metodologias para unir Arte e Ciência na formação docente

Cumprir com as orientações propostos pelas leis e decretos voltados para a educação, continuam sendo desafiadores. Nessa visão, Vestena e Pretto (2012, p. 6) acreditam que a arte pode proporcionar uma nova visão ao ensino, por meio do teatro. Essa ferramenta cria um ambiente capaz de mostrar outras percepções do mundo, sobre a realidade, envolvendo os discentes. "Este possibilita envolver os estudantes no processo de construção e elaboração de uma proposta teatral, como também, pode servir de elo entre quem produz e executa e àqueles que presenciam este processo e assistem ao espetáculo".

O emprego da arte no ensino pode ajudar na transposição didática de temas de difícil compreensão. Tazzi e Oliveira (2016), trazem em seu estudo o processo de aprendizagem de alunos sobre os temas Respiração celular e Fotossíntese. A pesquisa mostra que os discentes possuem conceitos errôneos como o de que a fotossíntese é a respiração da planta, ou que a respiração celular ocorre nos pulmões.

Nesse sentido, um recurso que pode aproximar o conhecimento artístico e o científico é a música. Para Barros, Zanella e Araújo-Jorge (2013), utilizar músicas que tratam temas presentes na vida dos alunos pode trabalhar a imaginação e conscientização por meio de suas letras. O estudo feito mostrou que os docentes utilizam músicas para ensinar ou exemplificar alguns conteúdos, incentivar a produção de paródias, criação de novas músicas, apreensões, entre outras metodologias. Dessa forma, o aluno pode criar suas próprias músicas trabalhando os temas que possui dificuldade.

> [...] partindo da premissa de que os conteúdos das letras podem facilitar o processo de transformação de uma linguagem científica em um conteúdo que deve ser ensinado aos alunos. A ideia é associar as informações presentes nas letras das músicas aos mais variados conteúdos e saberes científicos (BARROS; DINIZ; ARAÚJO-JORGE, p. 3, 2015).

Costa e Barros (2014) trouxeram um recorte de temas que podem ser estudados em sala, por meio de filmes desde filmes de animação, que podem tratar da biodiversidade, zoologia, botânica, cultura, relações ecológicas, até filmes que abordam temas sobre família, drogas, amizades, política, economia, aquecimento global, sociedade, entre outros pontos.

Outro ponto em que a arte pode auxiliar no ensino das ciências é na visualização de estruturas que não podem ser vistas a olho nu, ou de difícil acesso. A escassez de recursos de laboratórios e equipamentos torna mais difícil a compreensão das estruturas microscópicas. Diante dessa realidade, a utilização de modelos tridimensionais confeccionados com materiais de baixo custo pode auxiliar na visualização e aprendizagem sobre estruturas microscópicas. Essa metodologia auxilia tanto em sua aplicação quanto construção, estabelecendo o conhecimento individual e coletivo.

> A utilização de modelos didáticos tridimensionais é uma alternativa que deve ser estimulada nos estabelecimentos de ensino, pois promove a relação do conteúdo estudado com aulas práticas, onde os alunos podem observar e aplicar os termos e conceitos conhecidos em sala de aula, tornando o conteúdo mais assimilável e compreensível (BESERRA; BRITO, 2012, p. 16).

Um recurso artístico muito acessível é a fotografia. Machado e Stange (2012) trabalharam a Educação Ambiental incentivando os discentes a fotografar o mundo ao seu redor. A estratégia incentiva os discentes a serem protagonistas da aprendizagem, aproximando seus conhecimentos prévios do conhecimento científico. Esse recurso também pode ser aliado à literatura. Nesse método, os alunos podem fotografar cenários de suas realidades e elaborar textos que expressem o que se deseja expressar na fotografia apresentada (FEITOSA, 2021).

Reche (2019) trouxe reflexões sobre a importância do cinema e suas contribuições na formação de professores. A proposta culminou no desenvolvimento, compilação e exibição de filmes feitos pelos próprios alunos, que eram docentes em formação. Segundo o autor, assistir a filmes em sala de aula melhora a aprendizagem, promove a reflexão, o pensamento crítico e oferece aos alunos uma plataforma para expressar suas emoções, desejos e habilidades. A experiência pode levar a técnicas que os futuros professores poderão empregar ao ministrar aulas.

Desenhos, músicas e danças, segundo Ostetto (2021), são fundamentais na formação de professores, pois o conhecimento do mundo influencia os processos de ensino-aprendizagem. O educador deve redescobrir a alegria de criar e resgatar linguagens infantis perdidas ou esquecidas, assim como (re)aprender a se surpreender com novas descobertas. A capacidade de interagir com obras de arte e manifestações artístico-culturais, bem como aproximar-se de locais de arte existentes nas proximidades, renovam os sentidos.

Nesta abordagem, o desenvolvimento de experiências artísticas que fomentam a criatividade e a liberdade de expressão, melhoram a interação do indivíduo com o mundo. Nesse sentido, essas experiências também devem ser vividas pelo professor ao longo da sua formação. A aproximação entre pensamento e emoção pode ser utilizada para delinear a aproximação entre arte e a formação de professores:

> Se o lugar da arte na formação docente, sobretudo inicial, é ínfimo, conforme apontamos no texto, reiteramos a importância da arte e da formação cultural, do diálogo com artistas e espaços culturais, como educação de si mesmo e de suas relações com os outros e o mundo (...) (OSTETTO; SILVA, p. 284, 2018).

A arte na formação de professores pode ajudar a desafiar nossa maneira de pensar através da criatividade e fuga de pensamentos lineares. Por meio da invenção ilimitada de artistas de todas as épocas, a arte nos permite experimentar e descobrir novas cenários de matizes, formas, sons e movimentos. Através do uso da arte em programas de preparação de formação docente, os futuros educadores podem ser inspirados a arriscar mais em seus planos de aula, metodologias de ensino, e vida escolar diária (LAPONTE, 2013).

Existem muitas formas de aliar arte e ciência no ensino. Todas essas metodologias buscam explorar o potencial dos alunos em sala. Cada metodologia traz uma riqueza e uma abordagem diferente que pode ser utilizada no ensino da ciência, buscando "[...] vivenciar uma escola que seja alegre, lúdica, e que promova, sempre que possível, o interesse pelo conhecimento" (COSTA; BARROS, 2014, p. 91).

Considerações finais

O campo de estudos que foca na relação Arte-Ciência só tem crescido no Brasil, seja em museus, escolas, com jovens adultos, alunos e professores. Arte e ciência estão intimamente relacionadas e vêm interagindo há muitos séculos. É difícil dizer quando exatamente essa interação começou, mas é claro que ela estava acontecendo há muito tempo. Ambos possuem similaridade, são expressões de criatividade, imaginação, formas de explorar o mundo ao nosso redor. Ao mesmo tempo são diferentes, têm suas próprias regras, suas próprias metodologias. É importante conhece-los bem para poder reconhecer seus papéis e influência.

Apesar da diversidade de situações, o trabalho do professor e do artista envolve os mesmos princípios: reflexão, respeito, responsabilidade, dedicação e criatividade. O professor-artista é talentoso e criativo, tem qualidades naturais. A arte oferece uma infinidade de recursos para esse fim, permitindo que o instrutor amplie seu potencial criativo e, consequentemente, avance em sua profissão.

Desse modo, trabalhar a arte na formação docente ajuda a prepara o educador para cenários que serão apresentados durante a sua profissão. Cabe ressaltar que a relação Arte-Ciência causa efeitos positivos no ensino e formação docente ao inspirar, ensinar e encorajar os alunos a manifestar suas habilidades. Há muitas maneiras de incorporar a arte na formação de professores, por meio da expressão, inspiração ou até mesmo uma forma de aprender o conteúdo. A integração artística é benéfica tanto para professores como para alunos. Os docentes podem trabalhar através de seu próprio processo criativo, que pode ser inspirador e agradável. Os alunos têm a oportunidade de explorar sua criatividade e experimentar vários meios artísticos.

Referências

BAPTISTA. G. C. S. A importância da reflexão sobre a prática de ensino para a formação docente inicial em Ciências Biológicas. **Rev. Ensaio**, Belo Horizonte, v. 5, n. 2, p. 85-93, 2003. Disponível em: https://bit.ly/4aDOD8m. Acesso em: 22 abr. 2022.

BATISTA; R. F. M. SILVA, C. C. **A abordagem histórico-investigativa no ensino de Ciências**. Instituto de Estudos Avançados da Universidade de São Paulo, 2018. Disponível em: https://www.scielo.br/j/ea/a/7ZbhwnLJDXrwrN7n98DBcLB/abstract/?lang=pt. Acesso em: 15 de abr. 2022.

BARROS, M. DINIZ, P. ARAÚJO-JORGE, T. Música no ensino de ciências: análise da presença de letras de músicas em livros didáticos de ciências das séries finais do ensino fundamental no Brasil. **European Review of Artistic Studies**, vol. 6, n. 3, pp. 1-17, 2015. Disponível em: http://eras.mundis.pt/index.php/eras/article/view/114. Acesso em: 12 maio, 2022.

BARROS, M. ZANELLA, P. ARAÚJO-JORGE, T. A música pode ser uma estratégia para o ensino de ciências naturais? Analisando concepções de professores da educação básica. **Revista Ensaio**: Belo Horizonte, v. 15, n. 01, p. 81-94, 2013. Disponível em: https://www.scielo.br/j/epec/a/qVct7nwKmwBK6pBWjWV5thq/?format=pdf&lang=p. Acesso em: 29 abr. 2022.

BESERRA, J. BRITO, C. Modelagem didática tridimensional de artrópodes, como método para ensino de ciências e biologia. **Revista Brasileira de Ensino de Ciência e Tecnologia**, v. 5, n. 3, 2012. Disponível em: https://pdfs.semanticscholar.org/e528/fe5adcfb33de8246faac9452ee4cf3d608e8.pdf. Acesso em: 2º abr. 2022.

BRASIL. Ministério da Educação. **Base Nacional Comum Curricular, 2018.**
BRASIL, Parâmetros Curriculares Nacionais: terceiro e quarto ciclos: Ciências Naturais. Brasília: MECSEF, 1998.

BYNUM, W. Uma breve história da Ciência. L&PM Editores; ed. 1, 2014.

CACHAPUZ, A. F. Arte e ciência no ensino de ciências. **Interacções**, n. 31, p. 95-106, 2014. Disponível em: https://revistas.rcaap.pt/interaccoes/article/view/6372. Acesso em: 17 abr. 2022.

CAPRA. C. L. LOPONTE, L. G. Ditos sobre o professor- artista. ANPED SUL, **Reunião Regional da ANPED, Educação, movimentos sociais e políticos governamentais**, Curitiba-Paraná, 2016. Disponível em: <https://www.researchgate.net/profile/Carmen-Ca-

pra/publication/333649819_DITOS_SOBRE_PROFESSOR-AR-TISTA/links/5cf9d28b92851c874c542e8b/DITOS-SOBRE-PROFESSOR-ARTISTA.pdf>. Acesso em: 09 maio, 2022.

COSTA, E. BARROS, M. Luz, câmera, ação: o uso de filmes como estratégia para o ensino de Ciências e Biologia. **Revista Práxis**, n. 11, 2014. Disponível em: https://www.arca.fiocruz.br/bitstream/icict/10623/2/elaine_costaemarcelo_IOC_2014.pdf. Acesso em: 22 abr. 2022.

DAMIÃO, A. P. O Renascimento e as origens da ciência moderna: Interfaces históricas e epistemológicas. **História da Ciência e Ensino constituindo interfaces**, v. 17, 2018. Disponível em: http://www.fernandosantiago.com.br/cienrenas.pdf. Acesso em: 23 abr. 2022.

DINIZ- PEREIRA, J. E. D. As licenciaturas e as novas políticas educacionais para a formação docente. Educação e Sociedade, 1999. Disponível em: https://www.scielo.br/j/es/a/F3tFhqSS5bXWc5pHQ3sxkxJ/?format=pdf&lang=pt. Acesso em: 29 abr. 2022.

FARIAS, M. C. P. COSTA, S. TELICHEVESKY, L. A evolução do conteúdo de óptica nos livros didáticos de ciências nas perspectivas do programa nacional do livro didático (PNLD). **Revista Ciências&Ideias**, 2017. Disponível em <https://revistascientificas.ifrj.edu.br/revista/index.php/reci/article/view/647/493#>. Acesso em 15 abr. 2022.

FEITOSA, Raphael Alves. Uma revisão sistemática da literatura sobre pesquisas na interface ciência e arte. **Revista Prática Docente**, Confresa, v. 6, n. 1, p. 01-20, 2021. Disponível em: http://bit.ly/38z9UCG. Acesso em: 12 mar. 2022.

FEITOSA, R. A. Fotofabulografando o confinamento: Ciência e Arte na formação de professores de Biologia. **Interacções**, v. 17, n. 60, p. 27-42, 2021. Disponível em: https://revistas.rcaap.pt/interaccoes/article/view/24540. Acesso em: 22 abr. 2022.

FEITOSA, R. A. LEITE, R. C. M. O trabalho e o saber docente: construindo a mandala do professor artista-reflexivo. 1. Ed. Rio de Janeiro: **Câmara Brasileira de Jovens Escritores**, 2011.

FEITOSA, R. A. LEITE, R. C. M. A formação de professores de ciências baseada em uma associação de companheiros de ofício. **Revista Ensaio**, Belo Horizonte, v. 14, n. 01, p. 35-50, 2012. Disponível em: https://www.scielo.br/j/epec/a/zbbQWCPXsTxQM43RxRFQNvk/?format=pdf&lang=pt. Acesso em 07 maio 2022.

FERREIRA. F. Arte: Aliada ou instrumento no ensino de ciências? **Revista Arredia**, Dourados, MS, Editora UFGD, v.1, n. 1, 2012. Disponível em: <https://ojs.ufgd.edu.br/index.php/arredia/article/view/1536/1116>. Acesso em 03 maio 2022.

FERREIRA, F. R. Ciência e arte: investigações sobre identidades, diferenças e diálogos. **Educação e Pesquisa**, São Paulo, v. 36, n. 1, p. 261-280, 2010. Disponível em: https://www.scielo.br/j/ep/a/RKqwZMN9kkKWv9PgFvLxSxm/?format=pdf&lang=pt. Acesso em: 03 maio 2022.

FILHO; OLIVEIRA; COELHO. **A trajetória das diretrizes curriculares nacionais para a formação docente no Brasil: uma análise dos textos oficiais** (2021). Disponível em: https://periodicos.fclar.unesp.br/iberoamericana/article/view/14930/10573. Acesso em: 04 maio 2022.

FONSECA, M. Leonardo da Vinci: um génio universal. 1997, **Millenium**. Disponível em: https://repositorio.ipv.pt/bitstream/10400.19/675/3/Leonardo%20da%20Vinci.pdf. Acesso em: 05 maio 2022.

GATTI, B. A. Formação de professores: condições e problemas atuais. **Revista Internacional de Formação de Professores (RIFP)**, Itapetininga, v. 1, n. 2, p. 161-171, 2016. Disponível em: https://periodicos.itp.ifsp.edu.br/index.php/RIFP/article/view/347/360. Acesso em: 02 maio 2022.

HILARIO, T. W. CHAGAS, H. W. K. R. S. O Ensino de Ciências no Ensino Fundamental: dos PCNs à BNCC. **Braz. J. of Develop**. Curitiba, v. 6, n. 9, p. 65687-65695, sep. 2020. Disponível em: https://www.brazilianjournals.com/index.php/BRJD/article/view/16233/13273. Acesso em: 03 abr. 2022.

KICKHÖFEL, E. H. P. A ciência visual de Leonardo da Vinci: Notas para uma interpretação de seus estudos anatômicos. **Scientiæ studia**, São Paulo, v. 9, n. 2, p. 319-55, 2011. Disponível em: https://bit.ly/4bXmcTX. Acesso em: 09 abr. 2022.

JOSE, A. M. Anatomy and Leonardo da Vinci. **Yale journal of biology and medicine**, 2001. Disponível em: https://www.ncbi.nlm.nih.gov/pmc/articles/PMC2588719/pdf/yjbm00012-0041.pdf. Acesso em: 24 abr. 2022.

KRASILCHIK, M. **Prática de ensino de biologia**. 4ª ed., São Paulo: Editora Edusp, 2008.

LAPONTE. L. G. Arte para a docência: Estética e criação na formação docente. **Education Policy Analysis Archives/Archivos Analíticos de Políticas Educativas**, v. 21, p. 1-18, 2013. Disponível em: https://www.redalyc.org/pdf/2750/275029728025.pdf. Acesso em: 11 maio, 2023.

LISBOA, D. N. VIELMO, P. G. MARINHO, J. C. B. Modelo pop-up do corpo humano para utilização no ensino de ciências. **Revista Multidisciplinar de Educação e Meio Ambiente**, v. 1, n. 2, 2020. Disponível em: https://editoraime.com.br/revistas/index.php/rema/article/view/480. Acesso em 11 abr. 2022.

MACHADO, J. A.; STANGE, C. E. B. O uso da fotografia como um recurso pedagógico no ensino de ciências (Educação Ambiental). **O professor PDE e os desafios da Escola Pública Paranaense**, Paraná, v. 1, 2012. Disponível em: http://www.diaadiaeduca-cao.pr.gov.br/portals/cadernospde/pdebusca/producoes_pde/2012/2012_unicen-tro_cien_artigo_joao_adir_machado.pdf. Acesso em: 21 abr. 2022.

MARTINS, K. D. Michelangelo: da criação do universo ao juízo final, breve análise sobre o trabalho da Capela Sistina. **Revista de História Contemporânea**, n. 2, 2008. Disponível em: https://www.researchgate.net/profile/Karla-Martins-7/publication/234841102_Texto_Mi-chelangelo_publicado/links/0fcfd5101f8e0b0cab000000/Texto-Michelangelo-publi-cado.pdf. Acesso em: 13 abr. 2022.

MERCADO, L. P. L. Formação docente e novas tecnologias. **V Congresso RIBIE**, Brasi-lia, 1998. Disponível em: http://www.educacional.com.br/upload/dados/materiala-poio/71170001/5275731/FORMA%C3%87%C3%83O_DOCENTE_E_NOVAS_TECNOLO-GIAS.pdf. Acesso em 07 maio 2022.

MUNERATTO, F. et al. A Constituição do grupo de elaboração da BNCC de ensino de ciências: Trajetórias de seus atores sociais e seus impactos na elaboração da pro-posta. **Revista de Educação**, Dourados- MS, v. 8, n. 15, p. 113-132, jan./jun. 2020. Dis-ponível em: https://ojs.ufgd.edu.br/index.php/horizontes/article/view/12283. Acesso em: 20 abr. 2022.

NASCIMENTO, F.; FERNANDES, H. L.; MENDONÇA, V. M. O Ensino de ciências no Brasil: História, formação de professores e desafios atuais. **Revista HISTEDBR On-line**, Cam-pinas, n. 39, p. 225-249, set. 2010. Disponível em: https://www.researchgate.net/publi-cation/277864540_O_ensino_de_ciencias_no_Brasil_historia_formacao_de_professo-res_e_desafios_atuais. Acesso em 10 abr. 2022.

OSTETTO. L. E. Texturas da prática: Narrativas de uma pedagogia sobre arte na forma-ção docente. **Revista GEARTE**, Porto Alegre, v. 8, n. 2, 2021. Disponível em: https://www.seer.ufrgs.br/index.php/gearte/article/view/117514/63987. Acesso em: 10 maio 2023.

OSTETTO, L. E. SILVA, G. D. B. Formação docente, Educação Infantil e arte: Entre fal-tas, necessidades e desejos. **Revista Educação e Cultura Contemporânea**, v. 15, n. 41, 2018. Disponível em: http://educa.fcc.org.br/pdf/reeduc/v15n41/2238-1279-ree-duc-15-41-12.pdf. Acesso em: 12 maio 2023.

RANGEL, M. ROJAS, A. A. Ensaio sobre arte e ciência na formação de professores, **Revista Entreideias**, Salvador, v. 3, n. 2, p. 73-86, jul./dez. 2014. Disponível em: https://periodicos.ufba.br/index.php/entreideias/article/view/8546/8967. Acesso em: 09 maio 2022.

RECHE, B. D. **O cinema e as dimensões do ensino de artes na formação docente em Pedagogia no Instituto Federal Catarinense**. Universidade Federal de Santa Catarina-UFSC, 2019. Disponível em: https://bit.ly/3R1YTAf. Acesso em: 10 maio 2023.

REIS, J. C. GUERRA, A. BRAGA, M. Ciência e arte: Relações improváveis? **História, Ciências, Saúde: Manguinhos**, Rio de Janeiro, 2006. Disponível em: https://bit.ly/3Vf7MZD. Acesso em 02 abr. 2022.

SILVA, A. F. FERREIRA, J. H. VIEIRA. C. A. O Ensino de ciências no ensino fundamental e médio: Reflexões e perspectivas sobre a educação transformadora. **Revista Exitus**, Santaré- PA, v. 7, n. 2, p. 283-304, maio/ago. 2017. Disponível em: https://www.redalyc.org/jatsRepo/5531/553159950014/553159950014.pdf. Acesso em: 15 abr. 2022.

SILVA, J. A. P. NEVES, M. C. D. Arte e ciência no Renascimento: Galileo e Cigoli e as novas descobertas telescópicas. **História da Ciência e Ensino Construindo Interfaces**, v. 9, 2014. Disponível em: https://revistas.pucsp.br/index.php/hcensino/article/view/19424/14396. Acesso em 13 abr. 2022.

SILVA, M. SILVA, C. Ciência e arte na formação inicial de professores: Aspectos educativos e formativos de uma performance do poema Física de José Saramago. **XI Encontro Nacional de Pesquisa em Educação em Ciências – XI ENPEC**, Universidade Federal de Santa Catarina, Florianópolis, SC – 3 a 6 de julho de 2017. Disponível em: http://www.abrapecnet.org.br/enpec/xi-enpec/anais/resumos/R0040-1.pdf. Acesso em: 03 maio 2022.

SILVA, M. C. SILVA, P. S. Integrando arte e ciência na formação de professores de química: uma Análise semiótica peirceana. **Investigações em Ensino de Ciências**, v. 26 (1), pp. 244-260, 2021. Disponível em: https://www.if.ufrgs.br/cref/ojs/index.php/ienci/article/view/2289. Acesso em: 07 maio 2022.

SOARES, A. C. História da arte. INTA – **Instituto Superior de Teologia Aplicada**, 2017. Disponível em: https://md.uninta.edu.br/geral/historia-da-arte/Hist%C3%B3ria_da_Arte.pdf. Acesso em 14 abr. 2022.

TAZZi, P. OLIVEIRA, I. O processo de apropriação dos conceitos de Fotossíntese e Respiração Celular por alunos em aulas de Biologia. **Revista Ensaio**: Belo Horizonte, v. 18, n. 1, p. 85-106, 2016. Disponível em: https://bit.ly/3R0ChQL. Acesso em: 25 abr. 2022.

VESTENA, R. F, PRETTO, V. O teatro no ensino de ciências: uma alternativa metodológica na formação docente para os anos iniciais. **Vidya**,v. 32, n. 2, p. 9-20, 2012. Disponível em: https://hal.science/hal-01216778/. Acesso em: 12 abr. 2022.

CONTRIBUIÇÕES DA LUDICIDADE NO ENSINO DE MATEMÁTICA

Fernanda Vieira Pereira
Francisco José de Lima

Resumo

Esse trabalho tem como objetivo mostrar o quanto a ludicidade pode ser favorável no ensino de matemática. Mesmo sendo tão relevante para o cotidiano a disciplina de matemática, os alunos não conseguem ver sentido nas aulas. Os discentes caracterizam a matemática como um "bicho de sete cabeças", onde não conseguem aprender. A ludicidade proporciona ao professor executar atividades dinâmicas, interessantes. Entre outras palavras as ferramentas lúdicas nas aulas são favoráveis para essa desmistificação, favorecendo em uma aprendizagem significativa. Sabe-se que a introdução de novos métodos para as aulas pode ocasionar em bons resultados, porém não se pode negar que existem desafios. Dentro dessas dificuldades pode-se citar a falta de preparo dos professores, preparo esse que muitas das vezes não é ofertado nas suas formações iniciais, sem contar na falta de recursos e espaço adequado. Os desafios se fazem presentes, mas é necessário enfrentar. Portanto, se constata que a ludicidade é um caminho que é bastante relevante para que se obtenha uma aprendizagem satisfatória na disciplina de matemática.

Palavras-chave: *Matemática; Ludicidade; Jogos; Metodologia de ensino.*

Introdução

A importância do ensino de Matemática se justifica com base em muitas razões, como por exemplo, as necessidades de sua utilização na vida cotidiana e no exercício de muitas atividades profissionais, ou ainda, pelo fato de nos ajudar a pensar de forma abstrata e raciocinar dedutivamente. Além disso, o conhecimento matemático é um instrumento indispensável para o estudo de muitas outras ciências.

Compreender a matemática não é apenas aplicar fórmulas e regras estabelecidas ao longo do tempo por matemáticos e estudiosos, mas também relacionar o conhecimento com o contexto social. Por isso é fundamental que saiba utilizá-la cada vez mais e melhor.

Apesar da importância atribuída ao estudo de Matemática, percebemos que esta é uma das disciplinas mais temidas pelos alunos que levam em consideração sua "má fama" atribuída a ela de forma simplista ao longo dos anos. Outros fatores relacionados é a dificuldade de compreensão e abstração dos conceitos matemáticos ou até mesmo a mecanização do ensino, que podem influenciar nos índices de reprovação escolar (MATOS, 2020).

Percebemos que os níveis de insucesso de matemática nas nossas escolas, associadas a falta de motivação manifestada por muitos alunos por esta disciplina, têm preocupado os sujeitos envolvidos no processo educativo que se empenham na busca por metodologias que visam combater esta problemática (SANTOS, 2016). Com isto, surge a questão norteadora: Como o uso de jogos lúdicos pode contribuir no ensino de matemática? Pois, sabemos que "os jogos nas aulas de matemática podem ajudar a desenvolver o pensar lógico dedutivo, a criatividade e autonomia dos alunos. Sua principal função é de romper com técnicas de ensino tradicionais, despertando nos alunos o interesse pela Matemática" (POMPEU, 2012, p. 20).

Logo o objetivo deste trabalho é mostrar o quanto a ludicidade pode ser favorável no ensino de matemática, o uso dessa ferramenta traz benefícios não só na aprendizagem matemática como também pode desenvolver diversos sentidos do indivíduo, um desses sentidos é a habilidade de seguir regras. Ao longo dessa discussão serão abordados diversos fatores que a ludicidade pode contribuir (DARLANI, 2019)

Ludicidade no contexto educacional e no ensino de matemática

Atualmente muitas metodologias estão sendo inseridas no meio acadêmico, no intuito de despertar o interesse e a curiosidade dos discentes. Denominadas como lúdicas, essas metodologias referem-se à utilização de ferramentas para promover o desenvolvimento do conhecimento (SANT'ANNA e NASCIMENTO, 2011).

Tendo em vista os processos de evolução em novas metodologias de ensino, é funda- mental que a formação dos docentes acompanhe esse processo de mudança do ensino. Mudanças essas, não só na disciplina de matemática, mas do ensino em geral. Como ressalta Sant'Anna e Nascimento (2011), não é de hoje que falta investimento para capacitar professores, fato que dificulta os avanços necessários para uma educação de qualidade. Existe um distanciamento entre o que é proposto pelos PCN (Parâmetros Nacionais Curriculares) e a prática docente em sala de aula, pois, em grande parte, não há relação entre a prática e tais parâmetros (SANT'ANNA e NASCIMENTO, 2011).

Dalarni (2013) diz que existe vários desafios quando fala em inserir atividades lúdicas na sala de aula que impedem na elaboração de novas metodologias, entre essas dificuldades, podemos ressaltar o excesso de alunos nas salas de aula, o espaço físico inadequado para elaboração dessas atividades, falta de recursos nas escolas, falta de orientação e formação para os professores. Sem generalizar, alguns profissionais tem interesse em introduzir elementos mais aprazíveis nas aulas, alguns docentes tem a formação para aplicar essas metodologias, no entanto, a escola não tem suporte para contribuir, sempre faltam recursos para a execução dessas atividades. Mas, mesmo mediante as dificuldades para execução dessas atividades, é de fundamental importância buscar meios de aplicá-las para o desenvolvimento dos discentes (GRANDO, 2000).

Mas afinal de contas, o que é o lúdico? De que forma podemos contribuir nas aulas dos professores e no desenvolvimento dos alunos na sala de aula?

Quando se trata de "lúdico", as primeiras coisas que vêm à mente são: jogos, brincadeiras, lazer, prazer, liberdade e divertimento. Porém, o papel da ludicidade vai muito além desses termos. Dá um sentido para a educação lúdica e definir sua importância para a prática pedagógica, é como ensinar e aprender ao mesmo tempo, proporcionando a oportunidade de lidar com desafios novos e se encantar com metodologias aprimoradas (LUCKESI, 2006). Historicamente, o conceito de lúdico está atrelado às ideias de jogos, brincadeira e diversão, entretanto é importante ressaltar o fato de que a ludicidade vai muito além dessas características. Os sentimentos de felicidade, prazer, responsabilidade e descobertas que essas atividades despertam, são pontos fundamentais que devem ser compreendidos para que a ludicidade seja vista como uma forma de ensino.

Definir a palavra lúdico não é fácil, pois ela tem uma versatilidade muito grande. Mas, a sua finalidade permite viver novas experiências e reviver um pouco da infância, assim tornando o ensino prazeroso e a aprendizagem significativa. De acordo com Sant'Anna e Nascimento (2011) a palavra lúdico tem origem no latim Ludus, que significa brincar. Para Luckesi (2006), a ludicidade vai além do brincar ou coisa semelhante. Ela está relacionada às novas experiências, nas quais há a possibilidade de despertar sentimentos internos.

Embora tenha alusão ao jogo e ao divertimento, a ludicidade transcende essa ideia que comumente é associada. A ludicidade é vivida, experimentada, sentida. Mesmo quando a prática dessas atividades lúdicas acontece de forma coletiva, acontece uma experiência íntima. Vivenciar momentos agradáveis em conjunto com outros sujeitos, nos quais proporcione uma sensação de felicidade, (LUCKESI, 2006).

Corroborando as ideias de Vygotsky e Piaget, Luckesi (2006) defendem que o uso do lúdico é essencial para o desenvolvimento do conhecimento. O propósito de inserir a ludicidade é favorecer um desenvolvimento significativo. Vale destacar que esses recursos não enriquecem somente o desenvolvimento das crianças, mas também dos adultos. Deste modo, é um método que pode ser utilizado para o crescimento de qualquer indivíduo, sendo utilizado por professores em qualquer nível de ensino.

Estudos como os de SantAnna e Nascimento (2011) sobre a educação lúdica, é desenvolvido não somente como formas de brincar, sem qualquer ligação com o desenvolvimento do ser humano. Esses estudos mostram a ludicidade como instrumento ligado ao conhecimento, viabilizando uma nova alternativa de intensificar os índices de aprendizado. Para os autores, a inserção dessas atividades lúdicas no contexto escolar proporcionará experiências de forma que os educandos desenvolvam senso crítico, sejam ativos, e adquiram senso de responsabilidade e cooperação (SANT' ANNA; NASCIMENTO, 2011).

A importância da ludicidade encontra-se na capacidade de trabalhar a criatividade, e, deste modo, aflorar, emergir seus sentidos. Porém, a criatividade precisa-se de inspirações ou experiências anteriores. Assim, embasada nesses sentimentos, ocorre o surgimento de outra ideia, reinventada, ressignificada e por assim dizer, recriada (FERRARI, SAVENHAGO, TREVISOL, 2004). A ludicidade manifesta-se na sociedade de diversas formas. Atividades lúdicas são encontradas com facilidade no cotidiano. Exemplificando, são atividades que satisfazem necessidades humanas, caminhadas pelas ruas, o ritmo utilizado para controlar os passos, ouvir música, cantar. Inúmeras situações do cotidiano estão relacionadas com a ludicidade (GRANDO, 2000).

Tendo a mesma visão, Huizinga (2000) diz que o lúdico faz parte da cultura, estando presente na sociedade de diversas formas. Além de brincadeiras, jogo de futebol com amigos, games online, passeios no shopping e assistir filmes são atividades lúdicas. Algumas dessas podem inspirar ou serem inseridas na metodologia de ensino dos professores. Neste sentido, é importante destacar o viés da criatividade que os docentes precisam desenvolver. Então é necessário compreender que o lúdico não é um "pedagogismo", mas uma atividade que proporciona a participação ativa, tornando os indivíduos capazes de desenvolver atitudes que atinjam suas limitações (SANTOS, 2016). Existem tentativas constantes para que novos métodos pedagógicos sejam inseridos para instigar o interesse de alunas e alunos.

Em relação às dimensões e conceitos de jogo, onde é termo referente à ludicidade. Este é presente na vida humana desde os primeiros passos das crianças. Em sua funcionalidade há um papel imprescindível para o crescimento e desenvolvimento, contribuindo em diversos aspectos como: atenção, memória e imaginação. Mais ainda, propiciando à criança o desenvolvimento de áreas da personalidade como afetividade, inteligência, sociabilidade e criatividade (GRANDO, 2000). Por meio de brincadeiras e jogos ligados à ludicidade, as crianças despertam o senso de aprender e respeitar regras, desenvolvendo a capacidade de interagir socialmente de forma respeitável. Diante disso, podemos observar que ao inserir a ludicidade como metodologia de ensino, a educação oferecerá aos discentes novas oportunidades de construção e desenvolvimento do conhecimento. A partir da utilização desta metodologia, os alunos poderão vivenciar novos conhecimentos, experiências essas que transcendem a ideia da diversão (LUCKESI, 2006).

Assim, a brincadeira executada no ambiente educativo, utilizando os jogos como recurso metodológico, permite o desenvolvimento de uma aprendizagem interativa e prazerosa, proporcionando vínculos que são necessários para o desenvolvimento do conhecimento dos sujeitos. Vale ressaltar que a escola não é incumbida apenas pela função de mediador do conhecimento teórico, mas também é responsável por dialogar e responder às transformações vivenciadas pelos discentes (SANTOS, 2016).

A educação lúdica abrange uma teoria forte, onde a sua prática deve ser atuante constantemente, de forma que desenvolva o conhecimento em seus aspectos histórico, social, cultural e psicológico, para assim fortalecer as relações inteligentes e socializadoras (SANT'ANNA, 2011). É importante considerar que o objetivo da ludicidade além de explicar sobre as relações múltiplas do ser humano em seu contexto histórico, social, cultural e psicológico, também aborda sobre a importância das relações pessoais passivas, técnicas para relações reflexivas, criadoras, inteligentes e socializadoras, mostrando que é possível ser educador sem perder a essência do compromisso, do esforço e prazer satisfatório. (ALMEIDA et al, 2016).

O objetivo da inserção de atividades lúdicas na educação é tornar o desenvolvimento e o aprendizado mais aprazível e atraente para o aluno. Corroborando as ideias de Vygotsky, Sant'Anna e Nascimento (2011) destacam que nas suas várias teorias é aborda do a importância do jogo para o desenvolvimento do conhecimento. Segundo este teórico as regras dos jogos podem ajudar a aprimorar o desenvolvimento cognitivo dos educandos. Desse modo, é pertinente reforçar a importância das atividades interdisciplinares, para o desenvolvimento de uma aprendizagem significativa nas series iniciais (SANT'ANNA; NASCIMENTO, 2011).

Sendo assim, a ludicidade com suas propriedades criativas, divertidas, tem a capacidade de quebrar paradigmas de aulas tradicionais. Quebrar paradigmas significa deixar de fazer o óbvio, inovar, em outras palavras, podemos dizer que é fugir do padrão e buscar encontrar soluções criativas para problemas antigos. Em vista disso, muitos professores estão aderindo ao uso de novas metodologias para tornarem suas aulas agradáveis e produtivas, ou seja, estão saindo da metodologia tradicional, onde eles se concentram mais na exposição do conteúdo no quadro e listas de exercícios.

Assim permitindo que o aluno interaja com o objeto de estudo, deste modo proporcionando aulas diferentes, que chamem atenção, saindo do tradicional e ajudando na compreensão do conteúdo abordado. Já percebemos que o lúdico deve estar presente no ambiente escolar, porém as devidas medidas de cuidados devem ser tomadas pelos educadores, pois a ludicidade é versátil e cada pessoa tem a sua percepção, assim respondendo de modo diferente a atividades didáticas (SANTOS, 2016)

Concernente ao papel do professor nesse contexto, é imprescindível a aplicação de metodologias lúdicas, pois, a partir destas aumenta-se a probabilidade da interação dos estudantes nas aulas (LOPES e PATRICIO, 2013). Deste modo, pode-se aumentar o índice de aprendizado em matemática, pois as atividades lúdicas proporcionam o conhecimento inerente das disciplinas sem que percam a sua essência.

Desse modo, o educador tem possibilidades de aprimorar suas aulas usando maneiras mais significativas e prazerosas, que possam construir em um aprendizado prazeroso para os alunos (MATOS, 2020). O fato de a disciplina de matemática ser vista como de difícil compreensão, torna-se necessário aderir a dinamicidade que a ludicidade pode oferecer. No cenário atual é comum presenciar na sala, aulas práticas descontextualizadas. Fato que leva os discentes a não compreenderem a disciplina.

202 ENSINO DE CIÊNCIAS E MATEMÁTICA

Sant'Anna e Nascimento (2011) apontam que a prática mais utilizada por professores de matemática, tem sido as aulas tradicionais com conteúdo transmitidos de forma oral. Metodologicamente, essas aulas são realizadas com demonstrações de exercícios de fixação e de aplicação, estimulando que o discente aprenda pelo método da reprodução, se tornando frequentemente repetitivas. Esses métodos já mostram resultados ineficazes, pois o propósito dessa prática torna-se simplesmente na memorização mediante atos repetitivos, isentos de qualquer metodologia dinâmica e que não facilita a compreensão e interpretação do contexto abordado.

Grando (2000) corrobora o pensamento de Sant'Anna e Nascimento (2011) ao afirmar que a matemática passou a ser para os alunos um "fazer de conta", onde a metodologia é seguir as fórmulas e as regras de soluções estipuladas, ou seja, a matemática se tornou uma ciência pronta, acabada e sem contestações. Seguindo com métodos reprodutivos, isentos de qualquer forma dinâmica. Assim. o processo de ensino de matemática é muito temido por diversos alunos, acarretando no bloqueio da aprendizagem.

As aulas tradicionais é um "problema" pois se tornam desagradáveis para alguns, não contribuindo para desmistificar essa visão que a matemática é algo de difícil acesso. Posto isso, os professores devem procurar entender a importância de trazer para sua prática educacional as brincadeiras, os jogos, a ludicidade, com o objetivo de facilitar o aprendizado e desmistificar que a matemática é impossível de ser aprendida. Muitas vezes, devido a organização curricular dos cursos de licenciatura em matemática, pouco se estuda sobre o tema de ludicidade/propostas metodológicas. Com isso, muitos   deles fogem da questão imposta por não terem tido uma orientação sobre como inserir métodos novos para a contribuição do ensino matemático.

Nessa perspectiva, é importante ressaltar a contextualização do ensino e da aprendizagem matemática nos aspectos socioculturais e sua relevância com a ludicidade no ensino e aprendizagem. Assim, é importante enfatizar a relevância de novas metodologias. Sendo que estas não tenham o propósito de remeter a diversão, ao brincar sem um sentido educativo, ou seja, o aluno tem que se conscientizar que essas brincadeiras fazem parte da aula proposta, metodologias lúdicas que proporcionem o aprendizado, deste modo, despertando novos prazeres e conhecimentos que eram até então desconhecidos.

A ludicidade como recurso pedagógico na disciplina de matemática pode quebrar barreiras existentes entre professor e aluno, aluno e conteúdo, professor e didática e vários outros. Essa parceria entre a matemática e o lúdico é um fator muito importante, pois pode contribuir na evolução do conhecimento matemático escolar, interação social entre alunos e interação social entre docente e discente (LOPES e PATRICIO, 2013). É importante ressaltar que metodologias dinâmicas como jogos e brincadeiras devem apresentar sempre aspectos desafiadores para os alunos. É de extrema relevância que fique notório para os estudantes o objetivo da aula, para que assim não se crie a ideia de que a aula não tenha caráter educativo.

Com esse cenário, percebe-se que a ludicidade é mediada por atividades que aguçam a curiosidade, a criatividade e a participação do aluno na aprendizagem matemática. Mesmo que no início das atividades os alunos mostrem resistência e desinteresse, aos poucos eles vão se abrindo e interagindo com a aula e entre si. A vinculação entre a matemática e jogos, ou entre a disciplina e outros métodos lúdicos, já que fará relação com o meio.

Dessa forma, eles acharão instigantes e agradáveis, de forma que essa participação ativa, ligado pelo prazer e pelo desafio, contribuirão para a melhoria da aprendizagem. Nessa vertente, para Santos (2016) é pertinente a utilização da ludicidade na aprendizagem matemática, tornando uma prática construtiva, que possibilite o processo de construção do conhecimento. Permitindo assim que os discentes atinjam patamares mais avançados do seu desenvolvimento.

Mesmo em meio a tantas questões que impedem o desenvolvimento dos alunos, é possível observar que um dos obstáculos no ensino da matemática está ligado ao uso de propostas pedagógicas antigas, que não despertam o interesse do aluno pelo conteúdo dado. A tecnologia e os novos métodos de ensino estão em constante evolução, porém, para que se obtenha resultados positivos é necessário que todo o conjunto da obra seja moldado.

Em meio às atividades lúdicas aqui consideradas, merece destacar que um dos recursos que vem ganhando destaque como nova ferramenta de ensino, e que é colocado como sugestão pelos Parâmetros Nacionais Curriculares, são os jogos. Os PCN de matemática dão ênfase ao uso do lúdico para a formação dos alunos, e mais especificamente, o uso dos jogos como caminho para o ensino de matemática (SANT'ANNA; NASCIMENTO, 2011).

Conclusão

Muitos alunos desenvolvem aversão a matemática sem nem mesmo ter tido um contato direto com a disciplina. Criam uma enorme resistência à disciplina que acaba gerando um bloqueio, no aprendizado da mesma. Assim, resultando a falta de vontade dos discentes em prestar atenção no conteúdo abordado pelo professor.

As aulas expostas por muitos professores ainda estão enraizadas nos métodos tradicionais, ou seja, os docentes ainda abordam os mesmos procedimentos antiquados, como o uso do quadro branco para explanar o conteúdo, o livro didático e a mecanização de transcrever atividades dos livros para os cadernos ou trazem listas de exercícios para exercitar as técnicas passadas pelo docente naquela aula.

Então, metodologias que estimulem o interesse do aluno devem ser inseridas. O uso de recursos lúdicos e jogos didáticos podem ser uma grande contribuição para o desenvolvimento dos alunos, pois atividades lúdicas, é um recurso que foge da realidade das aulas tradicionais, que desperta a curiosidade, o interesse e a vontade de participar das aulas.

Santos (2016) enfatiza a importância das atividades lúdicas como uma forma de aprendizagem significativa. O uso da ludicidade no ambiente escolar permite a criança compreender melhor os conteúdos, desenvolvendo seus conhecimentos e suas habilidades, sejam estas habilidades cognitivas, linguísticas ou motoras, exaltando os fundamentos reais e importantes do ato de brincar.

ENSINO DE CIÊNCIAS E MATEMÁTICA

Então concluímos que o uso de recursos lúdicos, são grandes facilitadores para o aprendizado dos alunos, proporcionando aulas interessantes, que estimulem os alunos a participarem e obterem resultados satisfatórios na disciplina de matemática.

Referências

ALMEIDA, I.S; SANTOS, J. S; CARNEIRO, W.; RALMEIDA, I.S; SANTOS, J.S.; CARNEIRO, W.R. A utilização do lúdico no processo de ensino-aprendizagem da matemática. *In:* Encontro Nacional de Educação Matemática, 12, 2016. **Anais eletrônicos...** São Paulo, SP, julho de 2016.

DALARMI, T. T. O uso de jogos nas aulas de matemática. *In:* Encontro Nacional de Educação Matemática, 11, 2013, Curitiba. **Anais eletrônicos...** PR, julho de 2013.

FERRARI, C. P. G.; SAVENHACO, S. C.; TREVISOL, M. T. C. A contribuição da Ludicidade na aprendizagem e no desenvolvimento da criança na educação infantil. **Unoesc e Ciência** – ACHS, Joaçava, v.5, n.1.p.17-22, jan./jun,2004.

GRANDO, R. C. **O conhecimento Matemático e o uso de jogos na sala de aula**. 2000. Tese (Doutorado) – Faculdade de Educação, Campinas, 2000.

HUIZINGA, J. **Homo ludens**. 4. ed. São Paulo: Perspectiva, 2000.

LOPES, A. T.; PATRICIO, R. S. O uso de jogos no ensino de fração. *In:* Encontro Nacional de Educação Matemática, 11, 2013. **Anais eletrônicos...** Curitiba, PR, julho de 2013.

LUCKESI, C. **Ludicidade e atividades lúdicas**: uma abordagem a partir da experiência interna. 2006. Disponível em: https://docplayer.com.br/51232908-Ludicidade-e-atividades-ludicas- uma-abordagem-a-partir-da-experiencia-interna-cipriano-carlos-luckesi-1.html. Acesso: 31 jul. 2020.

POMPEU, C. S. **O jogo equadominó e equação do primeiro grau**: um estudo de caso. 2012. 45 f. TCC (Graduação) – Curso de Licenciatura em Matemática, Universidade Federal da Paraíba, Taperoá, 2012. Disponível em: https://bit.ly/3R3Sy7w. Acesso em: 27 ago 2020.

MATOS, Dara Elen de Sousa. **Metodologias aplicadas em ensino da matemática no ensino fundamental II**. Monografia. Universidade Federal do Ceará (UFC). Russas, 2020.

SANTOS, G. B. **A ludicidade na aprendizagem matemática nos anos iniciais do ensino fundamental**. 2016. Dissertação (Pós-Graduação) – Universidade Federal de Sergipe, São Cristóvão-SE, 2016.

SANNT' ANNA, Alexandre; NASCIMENTO, Paulo Roberto. A história do lúdicos na educação. **REVEMAT**, eISSN 1981-1322, Florianópolis (SC), v. 6, n. 2, p. 19-36, 2011.

UMA ANÁLISE NO SISTEMA EDUCACIONAL BRASILEIRO: AS PERSPECTIVAS DADAS PELAS REUNIÕES MUNDIAIS

Rafaela Fernandes Pereira
Maria Cleide da Silva Barroso
Francisca Helena de Oliveira Holanda

Resumo

A educação tem muitas vertentes a serem analisadas, novos tópicos aparecem a cada dia, e muitos outros mais antigos necessitam ser analisados e questionados, não é de hoje que o ensino e a educação nos países são levados como ponto primordial para um país se desenvolver, por isso diversas reuniões através dos anos com objetivo de desenvolver os países tecnologicamente, ecologicamente tem colocado esse tópico tão importante em pauta, e também como forma de sanar problemas mundiais, podendo ser sociais, econômicos e outros. Nesse trabalho será analisado os documentos referentes a essas reuniões, os Objetivos do milênio e do desenvolvimento sustentável, o texto a seguir é resultado de uma pesquisa bibliográfica de cunho qualitativo que buscou dentro dos documentos oficiais e textos de artigos e livros unir informações acerca do tema Educação Ambiental, que foi muito debatido nas reuniões mundiais em prol do meio ambiente, tem como a finalidade de mostrar o sistema educacional no Brasil, o documento atual que o institui: a BNCC, e discorrer sobre os objetivos de desenvolvimento do milênio e a agenda 2030 e como isso impactou, impacta ou impactará na educação do Brasil e ainda trazer a ideia sobre o verdadeiro papel da educação no sistema econômico vigente.

Palavras chave: *Educação. Objetivos do Desenvolvimento do Sustentável. Reuniões mundiais. BNCC.*

Introdução

Durante todo o percurso evolutivo da educação no Brasil e no mundo, cientistas e estudiosos da área tentam criar o modelo educacional perfeito. No Brasil diversas tentativas foram feitas para chegar ao tópico educação de "qualidade". A primeira escola no continente brasileiro chegou com os padres Jesuítas criada para catequizar os povos indígenas; já no resto do mundo as primeiras instituições de ensino surgiram muito antes, nas primeiras civilizações, a origem das instituições educativas remonta ao momento de ruptura do modo de produção do momento que era em prol da comunidade que determinou o surgimento das sociedades de classes.

É perceptível que a educação é um dos percursores da sociedade de classes. No nosso país e no mundo podemos observar uma crescente mercantilização do ensino[13] que aumenta a disparidade entre o ensino público e privado, e aumenta também as desigualdades sociais, pois infelizmente a qualidade em educação no Brasil está interligada com estrutura física, material, profissional e até social dos estudantes e da comunidade que circunda a instituição.

No Brasil existem medidas e leis que contemplam a educação, e existem também formas de detectar se o ensino está sendo realizado, claro que é ainda um sistema falho, pois a educação não é e não será a forma de acabar com as desigualdades, segundo palavras de Mészáros (2008) a transformação educacional se torna inviável se ainda estiver tentando ser aplicada dentro do sistema econômico vigente, pois, a lógica capitalista continuará, a dominação do homem pelo homem, e os interesses de classes ainda se faram presentes, mesmo que as ideias para essa "mudança" sejam as mais bem intencionadas, as mesmas ainda terão que se enquadrar dentro do sistema socio metabólico do capital.

No sistema a educação é só mais uma mercadoria e alimenta o mesmo com a mão de obra barata e qualificada. Este trabalho tem como objetivo: Analisar

---

[13] A educação nas sociedades antigas e no Brasil colonial eram um privilegio que apenas um grupo de pessoas tinham acesso, homens, brancos e pertencentes a classe mais abastada, hoje isso não evoluiu tanto, o acesso a uma educação tida como de qualidade está disponível para compra, no Brasil apesar de existir ensino público, as escolas privadas contém um maior contingente de estudantes, justamente pelo fato citado no parágrafo em que essa nota se localiza.

o paradigma qualidade e a sua função social no sistema de avaliação educacional através dos objetivos do milênio, como objetivos específicos: explanar as perspectivas criadas nas reuniões mundiais para alavancar a educação e erradicar a pobreza e miséria; identificar os documentos que instituem como deve ser o sistema de ensino no Brasil, e ainda este artigo também busca mostrar o sistema educacional no Brasil, as leis que o regem, os documentos que o instituem, e discorreremos sobre os objetivos de desenvolvimento do milênio e a agenda 2030 e como isso impactou, impacta ou impactará na educação do Brasil e ainda trazer a ideia sobre o verdadeiro papel da educação no sistema econômico vigente.

Referencial Teórico

Desenvolvimento Sustentável e seus Objetivos: a educação como pauta central

Primeiramente o que é desenvolvimento sustentável? É somente tentar separar o lixo? Fazer sua parte com proposito de ajudar o meio ambiente a se salvar e regenerar do consumo humano? Bom, pra quem não sabe a frase desenvolvimento sustentável tem significado bem maior do que das perguntas feitas, o mesmo tem objetivo de desenvolver uma sociedade de forma sustentável com menos consumo possível para que as outras gerações possam usufruir dos mesmos recursos.

Esse assunto é de interesse mundial, afinal preservar o meio ambiente, mesmo em um sistema econômico baseado em exploração, é de extrema importância para que o planeta não entre em colapso tão rápido. Tendo em mente que o consumo exacerbado mundial tinha começado a crescer devido ao avanço tecnológico a partir da segunda guerra mundial, diversas conferencias com os países do mundo começaram a ser realizadas com objetivo de amenizar todo o estrago feito ao meio ambiente com tanta produção de lixo, com as maquinas e outros poluentes.

A primeira conferência mundial foi em Estocolmo no ano de 1972, denominada de: Conferência da Organização das Nações Unidas organizada pela instituição de mesmo nome sobre o ambiente humano, ao todo 113 países participaram, entre eles tinham países desenvolvidos e países em desenvolvimento, o objetivo era claro, segundo Simone (2008) os mesmos queriam estabelecer tópicos comuns para

ENSINO DE CIÊNCIAS E MATEMÁTICA

garantir a preservação e melhoria do meio ambiente, porém como já mencionado existia uma distinção entre a categoria dos países, os mesmos tinham realidades muito distintas, o resultado dessa conferência foi uma a criação de um documento com 26 princípios para harmonizar o ser humano a natureza e garantir seus direitos fundamentais, este documento é a declaração sobre o ambiente humano.

A partir da conferencia de Estocolmo (1972) outras reuniões voltadas a educação ambiental começaram a ser realizadas, com objetivo de instruir o ser o humano a viver em "equilíbrio"[14] com a natureza. Contudo, a necessidade de consumo e exploração do homem pelo homem, não permite mesmo com práticas individuais para preservação do meio ambiente que a natureza se recupere dentro do sistema capitalista.

Logo após a conferência de Estocolmo aconteceu uma reunião parecida em Belgrado (1975) que teve como discussão principal a erradicação da pobreza, que dentro tem sub temáticas que como a fome, o analfabetismo e outros. Na conferência de Belgrado foi instituído propósitos para educação ambiental, segundo a carta de Belgrado (1975):

> 1. A tomada de consciência: ajudar os indivíduos e os grupos sociais a tomar consciência do ambiente global e dos seus problemas, e sensibilizá-los para estes assuntos
>
> 2. Os conhecimentos: ajudar os indivíduos e os grupos sociais a adquirir uma compreensão fundamental do ambiente global, dos problemas conexos, da importância da humanidade, da responsabilidade e do papel crítico que lhe incumbem
>
> 3. A atitude: ajudar os indivíduos e os grupos sociais, a adquirir, os sistemas de valores que incluam um único vivo interesse pelo ambiente e uma motivação suficientemente fone para participarem ativamente na preleção e na melhoria da qualidade do ambiente.
>
> 4. As competências: ajudar os indivíduos e os grupos sociais a adquirir as competências necessárias à solução dos problemas do ambiente.

---

[14] A relação homem e natureza é bem antiga, faz parte do processo de evolução da humanidade, porém essa relação do homem com a natureza naquele momento de início da espécie humana o mesmo só retirava insumos para sobrevivência, e não consumia mais do que necessitava.

ENSINO DE CIÊNCIAS E MATEMÁTICA **211**

5. Capacidade de avaliação: ajudar os indivíduos e os grupos sociais a avaliar as medidas e os programas de Educação Ambiental, em função de fatores ecológicos, políticos, económicos, sociais, estéticos e educativos.

6. A participação: ajudar os indivíduos e os grupos sociais a desenvolver um sentido de responsabilidade e um sentimento de urgência, que garantam a tomada de medidas adequadas à resolução dos problemas do ambiente. (Carta de Belgrado, 1975)

Logo após a conferencia que ocorreu em 1975 tivemos outras duas, uma em Tbilisi (1977) e outra em Moscou (1987), ambas ainda sobre o assunto de educação, a primeira foi em Tbilisi desenvolveu uma discussão temática sobre educação ambiental. A segunda em Moscou (1987) esteve presente vários profissionais da educação, essa reunião resultou em um documento denominado Estratégia Internacional de Ação em Matéria de Educação e Formação ambiental para o Decênio de 1990.

Dentre essas reuniões importantes tiveram outras menores, porém não falaremos nesse texto, a partir desse momento voltaremos a atenção para o Brasil, país que sediou 2 reuniões consideráveis nesse contexto ambiental. A primeira delas foi a Rio- 92, ainda sobre o mesmo debate de melhorar a relação do homem com a natureza e a educação ambiental, junto visando erradicar pobreza, dessa conferencia saíram 2 documentos, o primeiro é a declaração sobre meio ambiente de desenvolvimento que traz 27 princípios que visam reatar os conceitos vistos e discutidos na conferência de Estocolmo (1972), e o segundo é a Agenda 21 que é um texto que aborda a temática ambiental e segundo Queiroz & Camacho (2016), é um instrumento de planejamento para sociedades sustentáveis, podendo agir de acordo com a necessidade do local, sendo ele: regional, municipal, estatal ou institucional, foi implementada para ainda no século XXI ocasionando uma mudança nas estruturas sociais, visando também introduzir o conceito de sustentabilidade e qualificando-o com os tons das potencialidades e das vulnerabilidades do Brasil.

A última conferencia ambiental dos países do mundo foi no Brasil como mencionado anteriormente ainda neste texto, aconteceu no Rio de janeiro em 2012, conhecida como rio+20, o nome foi dado em comemoração aos 20 anos desde a última reunião que aconteceu no Brasil em 1992, tinha como objetivo a renovação com o documento agenda 21 criado na conferencia anterior a rio-92, por meio da avaliação do que foi implementado nos 20 anos que se seguiram, ou seja, precisavam analisar e tentar melhorar o que foi adotado, e o que ainda não tinha sido implementado da agenda 21. Os dois temas da conferencia, segundo o próprio site do evento, foram: a economia verde no contexto do desenvolvimento sustentável e da erradicação da pobreza, e a estrutura institucional para o desenvolvimento sustentável.

Na conferência de Estocolmo a educação foi colocada em pauta pela primeira vez como sendo voltada apenas para educação ambiental, apesar de ser afunilada a educação entrou como uma forma de resolver um problema global, como é o caso da discussão da conferencia que tinha como foco a preservação do meio ambiente. Logo essa primeira entrada da educação nas reuniões globais, as outras que se seguiram começaram a colocar a educação como uma das formas de sanar alguns problemas sociais, como sendo o principal: a pobreza e as desigualdades sociais.

A partir da discussão sobre o meio ambiente, a educação passou a ser chamada para tomar responsabilidade na construção de um planeta sustentável. O primeiro encontro organizado pela ONU foi em 1990, em Jomtien na Tailândia, o evento denominado de Conferência Mundial Sobre Educação Para Todos, como próprio nome já indica foi uma reunião tendo como discussão a educação a distribuição da mesma para a população como um direito, a conferencia teve como resultado a Declaração Mundial de Educação para Todos que visa garantir para toda população mundial conhecimentos básicos necessários para um vida digna, visando uma sociedade mais justa e mais humana, segundo Menezes (2001):

> A Declaração de Jomtien é considerada um dos principais documentos mundiais sobre educação. De acordo com a Declaração: "Cada pessoa – criança, jovem ou adulto – deve estar em condições de aproveitar as oportunidades educativas voltadas para satisfazer suas necessidades básicas de aprendizagem. Essas necessidades compreendem tanto os instrumentos essenciais para a aprendizagem (como a leitura e a escrita, a expressão oral, o cálculo, a solução de problemas), quanto os conteúdos básicos da aprendizagem (como conhecimentos, habilidades, valores e atitudes), necessários para que os seres humanos possam sobreviver, desenvolver plenamente suas potencialidades, viver e trabalhar

com dignidade, participar plenamente do desenvolvimento, melhorar a qualidade de vida, tomar decisões fundamentadas e continuar aprendendo." (Menezes, Takuno 2001, s.p)

Logo após a conferência de Jomtien houve em 1993 uma outra conferencia com a finalidade de continuar os debates iniciados em Jomtien, essa nova reunião entre alguns dos países mais populosos do mundo[15] ocorreu em Nova Delhi, onde foi reafirmado o compromisso de universalização do ensino básico estipulado em Jomtien, isso a ser desenvolvido com o prazo até o ano 2000. Contudo, o ano de 2000 chegou e as metas definidas nas reuniões de 1990 e 1993 não foram cumpridas, então no mesmo ano que havia sido colocado o prazo, ocorreu um fórum na cidade de Dakar, contou com a participação de 180 países e 150 ONG's que reiteraram o papel da educação como um direito humano fundamental e o designaram como a chave para o desenvolvimento sustentável, a segurança da paz e a estabilidade dentro e fora de cada país envolvido.

Além da declaração do milênio, a educação também passou a fazer parte de outros objetivos de acordo com Jimenez & Segundo (2007):

> Com efeito, a aclamada Declaração do Milênio elegeu o ano da graça de 2015 para a grande festa da erradicação da pobreza extrema (grifo nosso), como da universalização da educação básica no mundo, dentre outras conquistas de peso para a humanidade. Nesse contexto, faz-se mister observar que, além de constituir-se objeto de uma meta específica, a educação é realçada como instrumento de alcance das demais metas, também nomeados como Objetivos de Desenvolvimento do Milênio. Dito de outro modo, no espírito do Milênio, é clara a relação estabelecida entre educação e combate à pobreza. (Jimenez & Segundo, 2007, p. 120)

A partir da citação acima, podemos perceber também que o ano para o cumprimento das metas estabelecidas pela declaração do milênio, foi 2015, porém tivemos outra mudança neste ano indicado. No Brasil o prazo limite pulou de 2015 para 2022, porém está mesma data também mudou em seguida para 2030.

---

[15] Indonésia, China, Bangladesh, Brasil, Egito, México, Nigéria, Paquistão e Índia.

Agenda 2030 (OSD 4 - Qualidade na educação) e a BNCC

Em 2015 no mês de setembro 193 países membros das Nações unidas se reuniram em Nova York para discussão e elaboração de uma nova política global, levando em consideração os objetivos de desenvolvimento do milênio constituído em reuniões anteriores. Desta vez o novo documento a Agenda 2030 tem como objetivo elevar o desenvolvimento do mundo e melhorar a qualidade de vida de todas as pessoas. Para tanto, foram estabelecidos 17 Objetivos de Desenvolvimento Sustentável com 169 metas – a serem alcançadas por meio de uma ação conjunta que agrega diferentes níveis de governo, organizações, empresas e a sociedade como um todo nos âmbitos internacional e nacional e também local. Dentro deste novo documento temos as 5 áreas de importância: PESSOAS: Erradicar a pobreza e a fome de todas as maneiras e garantir a dignidade e a igualdade; PROSPERIDADE: garantir vidas prósperas e plenas, em harmonia com a natureza; PAZ: promover sociedades pacíficas, justas e inclusivas; PARCERIAS: implementar a agenda por meio de uma parceria global sólida; PLANETA: proteger os recursos naturais e o clima do nosso planeta para as gerações futuras.

Dentro deste texto, voltaremos os olhares para o Objetivo número 4, que fala exclusivamente da educação de qualidade, nela prevê-se alguns tópicos chamados de metas que devem ser garantidos afim de obter-se a educação de qualidade, são elas:

4.1 Até 2030, garantir que todas as meninas e meninos completem o ensino primário e secundário livre, equitativo e de qualidade, que conduza a resultados de aprendizagem relevantes e eficazes.
4.2 Até 2030, garantir que todos os meninos e meninas tenham acesso a um desenvolvimento de qualidade na primeira infância, cuidados e educação pré-escolar, de modo que estejam prontos para o ensino primário.
4.3 Até 2030, assegurar a igualdade de acesso para todos os homens e mulheres à educação técnica, profissional e superior de qualidade, a preços acessíveis, incluindo universidade.
4.4 Até 2030, aumentar substancialmente o número de jovens e adultos que tenham habilidades relevantes, inclusive competências técnicas e profissionais, para emprego, trabalho decente e empreendedorismo.

4.5 Até 2030, eliminar as disparidades de gênero na educação e garantir a igualdade de acesso a todos os níveis de educação e formação profissional para os mais vulneráveis, incluindo as pessoas com deficiência, povos indígenas e as crianças em situação de vulnerabilidade.
4.6 Até 2030, garantir que todos os jovens e uma substancial proporção dos adultos, homens e mulheres, estejam alfabetizados e tenham adquirido o conhecimento básico de matemática.
4.7 Até 2030, garantir que todos os alunos adquiram conhecimentos e habilidades necessárias para promover o desenvolvimento sustentável, inclusive, entre outros, por meio da educação para o desenvolvimento sustentável e estilos de vida sustentáveis, direitos humanos, igualdade de gênero, promoção de uma cultura de paz e não-violência, cidadania global, e valorização da diversidade cultural e da contribuição da cultura para o desenvolvimento sustentável.
4.a Construir e melhorar instalações físicas para educação, apropriadas para crianças e sensíveis às deficiências e ao gênero e que proporcionem ambientes de aprendizagem seguros, não violentos, inclusivos e eficazes para todos.
4.b até 2020 substancialmente ampliar globalmente o número de bolsas de estudo disponíveis para os países em desenvolvimento, em particular, os países de menor desenvolvimento relativo, pequenos Estados insulares em desenvolvimento e os países africanos, para o ensino superior, incluindo programas de formação profissional, de tecnologia da informação e da comunicação, programas técnicos, de engenharia e científicos em países desenvolvidos e outros países em desenvolvimento.
4.c até 2030, substancialmente aumentar o contingente de professores qualificados, inclusive por meio da cooperação internacional para a formação de professores, nos países em desenvolvimento, especialmente os países de menor desenvolvimento relativo e pequenos Estados insulares em desenvolvimento.

Fonte: http://www.agenda2030.org.br/ods/4/.

O governo federal disponibiliza alguns dados da aplicação das metas do objetivo nº 4, que poderão ser vistos na tabela acima, em baixo temos imagens do site e dos tópicos do objetivo 4 bem como os seus dados colhidos pelo próprio IBGE. A seguir temos imagens do site oficial dos objetivos sustentáveis:

Fonte: Portal do governo, https://odsbrasil.gov.br/objetivo/objetivo?n=4.

Como pode ser observado dentro do objetivo nº 4 existem subcategorias visando o cumprimento de qualidade do objetivo geral que é educação de qualidade, o governo Federal do Brasil vem junto com IBGE coletando dados de alguns desses tópicos dentro dessa categoria, e estes são disponibilizados, dos 12 subtópicos 6 tem dados(tópicos marcados em verde na imagens acima), 2 (tópicos marcados em cinza nas imagens acima) não se aplicam no Brasil, e 4(tópicos marcados em azul nas imagens acima) não tem dados, como pode ser visto nas imagens. Como um todo será que o Brasil está realmente tentando aplicar e seguir as designações estipuladas pelos Objetivos do Desenvolvimento Sustentável nº 4?

A BNCC ou Base Nacional Comum Curricular é um documento de caráter normativo que define um conjunto orgânico e progressivo de aprendizagens essenciais que todos os alunos devem desenvolver ao longo das etapas e modalidades da Educação Básica, segundo o próprio documento Brasil (2018). A BNCC vem como forma de nortear o currículo dos sistemas educacionais brasileiros e toda rede de ensino nos Estados, abrangendo tanto instituições públicas ou privadas. É claro que esse documento relativamente novo e recém implantado no Brasil iria trazer em seu corpo e como sua base a ODS que traz como objetivo a educação, no início do documento da BNCC já podemos observar de imediato um parágrafo que engloba o quarto objetivo e suas metas:

A BNCC já em seus princípios trás os objetivos requeridos na ODS 4, no início do próprio documento especifica-se o tópico 4 das ODS: A BNCC expressa o compromisso do Estado Brasileiro com a promoção de uma educação integral voltada ao acolhimento, reconhecimento e desenvolvimento pleno de todos os estudantes, com respeito às diferenças e enfrentamento à discriminação e ao preconceito. Assim, para cada uma das redes de ensino e das instituições escolares, este será um documento valioso tanto para adequar ou construir seus currículos como para reafirmar o compromisso de todos com a redução das desigualdades educacionais no Brasil e a promoção da equidade e da qualidade das aprendizagens dos estudantes brasileiros. (BRASIL, 2018)

Ou seja, tudo está intrinsecamente ligado ao sistema em que vivemos, de tal forma que não há como sair sem a extinção desse sistema econômico. Levando em consideração os estragos reunidos em anos de exploração homem natureza e homem pelo homem, os governantes mundiais resolveram tentar sanar alguns dos problemas causados por essa exploração, por isso todas as reuniões que você viu neste mesmo texto, todos os documentos e propostas.

A solução dos problemas mundiais é de fato a educação?

Dentro de todos os tópicos discutidos na atualidade sempre se envolve a educação como uma forma libertadora, conceituada Freire (1986), na qual a partir deste conceito a educação se estabelece como meio facilitador na hora de resolver diversos problemas sociais, ambientais, e todos os outros da humanidade, mas será que só a educação bastará?

Primeiramente, a lógica global no mundo em que existimos é simples, dispomos de um sistema de classes sociais, duas, são elas: aqueles que detém os meios de produção e aqueles que trabalham nos meios de produção que só possuem sua força de trabalho. Este modelo econômico no qual estamos inseridos não pretende mudar, ele na verdade adequa a sociedade a ele, ou seja, toda sociedade deve se adequar ao sistema capitalista, a educação, o trabalho, as pessoas e etc. Entende-se então que a educação é uma das fontes alimentadoras desse mesmo sistema.

> As mudanças sob tais limitações, aprioristicas e prejulgadas, são admissíveis apenas com o único e legitimo objetivo de corrigir algum detalhe defeituoso da ordem estabelecida, de forma que sejam mantidas intactas as determinações estruturais fundamentais da sociedade como um todo, em conformidade com as exigências inalteráveis da lógica global de um determinado sistema de reprodução. (MÉSZÁROS, 2008)

Portanto, como já exibido por Mészáros a sociedade só muda em prol do sistema que está inserido, as estruturas que formam essa sociedade só mudam para se adequar melhor a este sistema na qual está, as mudanças na educação vêm para somar ao sistema econômico como outrora discutido na obra de Mézaros (2008), assim como em comum acordo "a educação deixa de ser parte do campo social e político para ingressar no mercado e funcionar a sua semelhança" (Lopes e Caprio, 2008, p. 2), formação de mão de obra qualificada e muitas vezes barata. Existem trabalhos como o de Santos (2020) que estudam e se aprofundam no conteúdo da BNCC e flagram a pauperização que existe de conteúdo do ensino médio.

O processo educativo sozinho não determina o sucesso ou fracasso, a educação não concede liberdade as pessoas, e não trata sozinha dos problemas globais, toda essa problematização para dar fim a pobreza é extremamente urgente, e existem boas medidas que visam encerrar com essa lamuria, porém pelo que se observa é que a teoria e a prática na realidade não coincidem, e quando são não estão em perfeito equilíbrio não acontece a ação de fato, o exemplo claro é da implantação desse 4º objetivo no Brasil, das 12 metas apenas 6 estão sendo monitorados até o presente momento, então falta muito pra atingir uma mudança considerável no Brasil.

Metodologia

O trabalho que foi apresentado neste texto foi constituído a partir de um estudo teórico bibliográfico e documental. Segundo Minayo (2011), "atividade básica da ciência na sua indagação e construção da realidade é a pesquisa que alimenta a atividade de ensino e à atualiza frente à realidade do mundo [...]". Para a construção desta pesquisa foi realizado um estudo dos documentos resultantes das reuniões mundiais relacionadas com a educação e educação ambiental, ainda foram observados os resultados da implementação do objetivo número 4 que é relacionado com a educação aqui no Brasil, e por fim foi feito uma análise nos artigos científicos que estão dentro do tema deste trabalho com intuito de firmar os fatos aqui apresentados. A pesquisa é caracterizada por ser descritiva, teórica, bibliográfica, documental e qualitativa por não utilizar dados percentuais para construção do corpo do texto.

Resultados e Discussões

Perante o exposto na pesquisa, é possível ver que apesar de tantas "boas" propostas e intervenções mundiais para dar aos países suporte afim de vencer alguns problemas sociais e ambientais este objetivo ainda está longe de se concretizar, pelo menos aqui no Brasil na categoria 4 dos objetivos do desenvolvimento sustentável, como pode ser observado da 8ª página até a 11ª deste texto, onde temos imagens do site que o governo disponibiliza os dados sobre a implantação desse objetivo sustentável que trata o tópico Educação de Qualidade.

Como exposto no texto estes objetivos não são recentes, desde de 2000 o Brasil se compromete a cumprir e seguir o plano estipulado, o primeiro prazo era de 2000 até 2015 e depois 2015 até 2022, porém ainda em 2015 esta data de conclusão foi modificada, para trazer essa Educação de qualidade ao cotidiano dos brasileiros, contudo no ano de 2015 nada se concretizou e a data de conclusão foi modificada de 2022 para 2030, historicamente esses períodos foram melhor explicados no início do texto, portanto em 2015 os países se reuniram novamente para observar os resultados e como nada havia se concretizado foi criado um novo plano com metas que são as ODS chamado Agenda 2030, que planeja acabar com a fome, erradicar pobreza, estabelecer a paz mundial etc.

Porém a pergunta é, será que até o ano de 2030 conseguiremos? Bom o que pode levar como resultado deste trabalho é que já estamos no ano de 2021, faltam 9 anos para atingir o prazo da meta, em relação ao objetivo do desenvolvimento sustentável nº 4 que garante uma educação de qualidade não podemos dizer ao certo se vai se concretizar ou não, de acordo com os dados colhidos do próprio governo pelo IBGE apenas 6 das 12 categorias tem dados, das outras 6 apenas 4 são cabíveis no Brasil contudo não tem dados e duas delas não são aplicáveis aqui

no país, as que possuem bases ou seja 6 categorias estão sendo aplicadas e monito-
radas, e são de extrema importância para sociedade, principalmente pro brasileiro
crescer quanto ser social e desenvolver consciências em relação a sociedade em que
vive, principalmente consciência da própria situação, a consciência de sua classe
social, como exemplo temos o tópico 4.7 do 4º objetivo que diz:

> Até 2030, garantir que todos os alunos adquiram conheci-
> mentos e habilidades necessárias para promover o desenvolvi-
> mento sustentável, inclusive, entre outros, por meio da edu-
> cação para o desenvolvimento sustentável e estilos de vida sus-
> tentáveis, direitos humanos, igualdade de gênero, promoção
> de uma cultura de paz e não-violência, cidadania global, e va-
> lorização da diversidade cultural e da contribuição da cultura
> para o desenvolvimento sustentável. (BRASIL, 2021)

Este tópico não tem nenhum tipo de dado da sua aplicação isto nos permite pensar que não está sendo aplicado atualmente e nem foi ainda, e como observa-se é um tópico de muita importância, uma palavra que está nele é o percursor
das discussões mundiais relacionadas ao meio ambiente, que é: desenvolvimento
sustentável. E além de outras discussões que vem de problemas reais na sociedade
e que precisam estar atrelados a educação, para favorecer a todos igualmente e ajudar a fornecer uma educação de qualidade.

Considerações Finais

A pesquisa teve como finalidade analisar os documentos e textos, referentes as reuniões do milênio, sobre a Base Nacional Comum Curricular, ligando os
tópicos e mostrando a aplicação da ODS 4 no país e seus respectivos dados de aplicação e como isso impacta na população brasileira já que existe um prazo para o
cumprimento desses objetivos. Esta pesquisa poderá contribuir para outras já que
este campo de estudo ainda é muito inexplorado, e como base para pesquisas na
Educação no geral, a mesma também servirá para levar informação acerca do tema
para comunidade escolar, sobre as mudanças e o futuro que os espera.

Apesar de cumprir com os objetivos propostos no texto ainda existe muito
a se explorar dos temas aqui explanados, pois a educação, o sistema brasileiro, e as
políticas que o cercam sempre estarão se moldando de acordo com a demanda da
sociedade claro também sob os moldes do sistema econômico vigente: o capitalismo.

Referências

BITTAR, Marisa. BITTAR, Mariluce. História da Educação no Brasil: a escola pública no processo de democratização da sociedade. **Revista Acta Scientiarum Education**, v. 34, n. 2. dezembro de 2012.

Instituto de Pesquisa Econômica Aplicada (IPEA). **Objetivo do Desenvolvimento Sustentável: ODS 4**. 2021. Disponivel em:https://www.ipea.gov.br/ods/ods4.html.

JIMENEZ, Susana Vasconcelos. SEGUNDO, Maria das Dores Mendes. Erradicar a pobreza e reproduzir o capital: notas críticas sobre as diretrizes para a educação do novo milênio. **Cadernos de Educação** [FaE/PPGE/UFPel] Pelotas, janeiro 2007.

LOPES, E. C. P. M.; CAPRIO, M. As influências do modelo neoliberal na educação. **Revista on line de Política e Gestão Educacional**, Araraquara, n. 5, p. 1–16, 2008. DOI: 10.22633/rpge.v0i5.9152. Disponível em: https://periodicos.fclar.unesp.br/rpge/article/view/9152. Acesso em: 10 maio. 2023.

MENEZES, Ebenezer Takuno de. **Verbete Declaração de Jomtien**. Dicionário Interativo da Educação Brasileira - EducaBrasil. São Paulo: Midiamix Editora, 2001. Disponível em https://www.educabrasil.com.br/declaracao-de-jomtien/. Acesso em 05 ago 2021.

MINAYO, Maria Cecília de Souza. *Et al.* **Pesquisa Social**: Teoria, método e criatividade. 30ª. ed. Petrópolis, RJ: Vozes, 2011.

Objetivos do Desenvolvimento Sustentável.2021- Site operado em conjunto pelo IBGE e Secretária Especial de Articulação Social. https://bit.ly/3R04Eyi.

Plataforma Agenda 2030. Objetivos do Desenvolvimento Sustentável. 2021. Disponivel em: http://www.agenda2030.org.br.

FREIRE, Paulo. **Educação como prática da liberdade**. Editora Paz e Terra. Rio de Janeiro, 1986.

PEREIRA, Rafaela Fernandes. BARROSO, Maria Cleide da Silva.HOLANDA, Francisca Helena de Oliveira. SAMPAIO, Caroline de Goes. Qualidade na Educação: uma discussão teórica sobre o sistema educacional brasileiro. **Research, Society and Development**, v. 9, n. 8, 2020.

RABELO, Jackline. JIMENEZ, Susana. SEGUNDO, Maria das Dores Mendes. **O movimento de educação para todos e critica marxista**. Impressa Universitária, Fortaleza-Ce 2015.

SAVIANI, Demeval. **História da História da Educação no Brasil**: Um balanço prévio e necessário. Conferencia de abertura do V Colóquio de pesquisa sobre instituições Escolares, São Paulo,27 de agosto de 2008.

ENSINO DE QUÍMICA: RELATO DE EXPERIÊNCIA DA EXPERIMENTAÇÃO COMO FERRAMENTA DE APRENDIZAGEM DE ÁCIDOS E BASES

Natália Leite Nunes
Caroline de Goes Sampaio

Resumo

O presente trabalho teve como objetivo avaliar a aprendizagem dos alunos de uma escola pública de nível médio através de uma aula experimental no conteúdo de Química – ácidos e bases, tendo como resultado a produção de um relatório e respostas a um questionário, uma vez que ensino de Química e de ciências da natureza no geral nas escolas, tanto no nível de ensino fundamental como de ensino médio, enfrenta um grande desinteresse por parte dos alunos; onde os mesmos apresentam recorrentes notas baixas, e apatia pelas aulas expositivas teóricas. Para minimizar esse problema, buscou-se a experimentação na aula de química no conteúdo de ácidos e bases como metodologia para promover o processo ensino-aprendizagem dos alunos, onde o objetivo era que os mesmos soubessem reconhecer e identificar substâncias ácidas e alcalinas, não somente durante a aula experimental, mas também em seu cotidiano. Foi aplicada uma aula prática experimental em uma turma de 2º ano do ensino médio contendo 29 alunos de uma escola pública da rede estadual do Ceará, localizada em Maranguape. Onde se utilizou uma aula prática para o conteúdo teórico de ácidos e bases, utilizando o chá de repolho roxo como indicador natural e de baixo custo para fazer a identificação da natureza de quatro substâncias presentes no cotidiano dos alunos, onde duas eram ácidas e duas eram alcalinas, e a partir dos resultados obtidos foi possível avaliar a metodologia de ensino para o conteúdo de ácidos e bases.

Palavras-chave: *Ácidos e bases, ensino de química, experimentação.*

Introdução

O ensino de Química é tradicionalmente considerado pelos alunos como difícil. Recorrentemente é relatada as dificuldades na aprendizagem, índices de rendimento baixo no Exame Nacional do Ensino Médio (ENEM), e um constante desinteresse por parte dos estudantes pelas aulas teóricas, o que nos faz questionar qual o real motivo para que a aprendizagem de Química não esteja sendo tão satisfatória, e quais métodos e metodologias poderiam despertar o interesse dos alunos quanto à disciplina, melhorando a aprendizagem. No que se refere, especificamente, ao ensino de Química na Educação Básica, o cenário atual não é satisfatório. Segundo dados do Programa Internacional de Avaliação dos Alunos (PISA), a média de proficiência dos estudantes brasileiros em relação aos países da OCDE (Organização para a Cooperação e Desenvolvimento Econômico), foi de 404 pontos, 85 pontos abaixo da média, que é 500. Deixando o Brasil na posição entre 64°- 67°, dentre os países avaliados, no tocante ao ensino de ciências (BRASIL, p. 129-130, 2021).

Na atual transição do cenário em que vivemos de Ensino Médio para o Novo Ensino Médio (NEM) tem sido cada vez mais desafiadora a aprendizagem dos alunos para o ensino de ciências da natureza (Química, Física e Biologia), com a redução de suas cargas horárias, tornando o cenário da educação brasileira ainda mais caracterizado por professores em um todo enfrentam uma forte desvalorização do seu trabalho, onde os salários são sempre baixos e com cargas horárias sempre longas, embora os recursos estejam sendo empregados não para melhores condições de trabalho, ou como auxílio para o professor pesquisador, porém, na formação dos novos docentes e formação continuada de professores, como cita o Plano de Desenvolvimento da Educação (PDE), BRASIL, 2007 que a Universidade Aberta do Brasil (UAB) e o Programa Institucional de Bolsas de Iniciação à Docência (PIBID) são de responsabilidade da Coordenação de Aperfeiçoamento de Pessoal de Nível Superior (CAPES) para acolher professores sem nível superior ou garantir formação continuada aos já graduados.

Existe uma parte dos professores que buscam novas metodologias para que seus alunos tenham uma aprendizagem significativa, que baseada nos conceitos de Ausubel, é uma ancoragem entre os conhecimentos que o aprendiz possui e os que ele deverá adquirir, esses conhecimentos prévios são chamados *subsunçores* e serão como uma ponte entre esses conceitos, para que a soma entre o conhecimento que o aprendiz já possui e a nova informação, que deverá ser de caráter relevante e significativo, se ancoram nas informações já obtidas pelo aprendiz e resultem em um novo conhecimento, modificado. MOREIRA e MASINI (1982) falam que a aprendizagem significativa expressa ideias que interagem de maneira substantiva e não arbitrária com aquilo que o estudante já sabe. Importa esclarecer o termo "substantiva" contido nas ideias de Ausubel, quer dizer não literal, já a expressão "não arbitrária" significa que a interação não é uma ideia prévia, e sim um conhecimento com significados, com sentido para o aprendiz.

Diante tais fatos, fica o questionamento de como tornar a aprendizagem dos conteúdos de Química mais significativos. Como tornar o ensino atraente e de maneira que torne significativa sua aprendizagem. Já que eventualmente o ensino de Ciências da Natureza (Física, Química e Biologia), é um obstáculo para a aprendizagem dos alunos, especificamente Química, uma disciplina onde os alunos enxergam como algo "sobrenatural", impossível de visualizar e compreender, DURAZZINI, 2020 cita que a disciplina de Química muitas vezes é vista como algo amedrontador e até mesmo impossível de criar empatia para os estudantes em geral, dado o seu conteúdo que envolve muitas fórmulas, cálculos e conceitos próprios.

Haja vista este problema há uma busca pela desmistificação da referida disciplina em relação aos estudantes e até mesmo alguns docentes. Tal fato pode ocasionalmente acontecer pela falta de subsunçores, isto é, os conteúdos necessários no ensino fundamental para a área de ciências que não foram devidamente bem elaborados na estrutura cognitiva do estudante, e consequentemente não formaram os subsunçores para novas informações. Segundo Ausubel, "[...], entretanto, após a descoberta em si, a aprendizagem só é significativa se o conteúdo já descoberto se ligar a conceitos subsunçores relevantes já existentes na estrutura cognitiva. (MOREIRA e MASINI, 1982)".

ENSINO DE CIÊNCIAS E MATEMÁTICA

Com isso, a pesquisa tem por objetivo apresentar o conteúdo de acidez e basicidade, como reconhecer um ácido e uma base, quais ferramentas e métodos utilizar para isso, bem como a apresentação da tabela de pH (potencial hidrogeniônico), que é continuamente presente no cotidiano dos estudantes, uma vez que este é responsável pelo entendimento de chuva ácida e acidez de solos, como estes fenômenos são gerados, se é possível sua reversão ou ameniza-los.

Fundamentação teórica

Para conter as dificuldades dos alunos, muitos educadores buscam metodologias diversificadas como jogos lúdicos, vídeos, aulas de campo, entre outras, que tornem a aprendizagem mais interessante e significativa, sendo tais metodologias diversificadas as fontes de pesquisas de BENEDETTI FILHO, CAVAGIS, BENEDETTI, 2020; CORDEIRO, DUARTE, 2020; FILGUEIRA, SILVA, 2017; GUEDES, SILVA, 2012; LEITE, 2017; ROCHA, CARDOZO, MOURA, 2020 apud FARIAS et.al, 2020. Vale ressaltar que existem dificuldades na experimentação no ensino da Química nas escolas públicas, por faltarem esses espaços de laboratórios equipados ou mesmo, disponíveis nas escolas.

Por vezes até existentes, mas em situações precárias, já que algumas usam o laboratório como almoxarifado, guardando livros e outros itens escolares, impedindo assim a ministração de aulas práticas no ambiente do laboratório, também citado por SALESSE, 2012, Este fato é agravado ainda mais em escolas da rede pública de ensino, onde os laboratórios para a realização dessas aulas são na maioria das vezes precários, não possuindo os materiais necessários a serem utilizados nas práticas propostas, tendo assim o não cumprimento do objetivo a ser alcançado com as atividades, além de colocar em risco todos os envolvidos, devido à falta de equipamentos de segurança no local.

Em consequência da não disponibilidade de espaços adequados para a experimentação no ensino de química, muitos professores não utilizam recursos alternativos para a experimentação e por vezes, nem aderem a nenhuma outra metodologia eficaz, deixando o ensino apenas na aula teórica e com frequência, justificam o não desenvolvimento das atividades experimentais devido à falta destas condições infra estruturais. Não obstante, pouco problematizam o modo de realizar os experimentos, o que pode ser explicado, em parte, por suas crenças na promoção incondicional da aprendizagem por meio da experimentação (SILVA e ZANON, 2000 *apud* GONÇALVES, 2016).

Diante dessa problemática, os alunos relatam suas dificuldades com tal disciplina, pois geralmente não conseguem assimilar as teorias nem as associar ao seu cotidiano, não conseguindo compreender a importância ou onde a química está em sua vida, mencionando uma má contextualização dos conteúdos, o que acaba gerando o desinteresse nas aulas expositivas. Vale lembrar que o ensino de Química tem se reduzido à transmissão de informações, definições e leis isoladas, sem qualquer relação com a vida do aluno, exigindo deste quase sempre a pura memorização, restrita a baixos níveis cognitivos (BRASIL, 2012).

Em vista dessa metodologia de experimentação química, um conteúdo de fácil aplicação, além de sua vasta presença no cotidiano dos estudantes na prática é acidez e basicidade, pois chama a atenção por suas mudanças de cores ocasionadas pelo uso dos indicadores ácido/base, despertando a curiosidade dos estudantes. Ressalta-se a fácil ministração de tal experimento, uma vez que não é necessário o ambiente do laboratório para que a prática seja aplicada, podendo ser feita em sala de aula, utilizando materiais de baixo custo, até mesmo os indicadores, que podem dispensar o uso de indicadores industriais e adotar o uso de indicadores naturais, à base de flores, frutas ou plantas.

Os indicadores possuem características de indicar o meio em que estão presentes, por meio de coloração. Os indicadores aquosos industriais são geralmente bases ou ácidos fracos que, em meio à solução a ser testada, tem o poder de deslocar o equilíbrio, aumentando ou diminuindo a concentração de íons hidrônio (H_3O^+), podendo ser feita a identificação do meio; enquanto os papéis indicadores, como os de tornassol, apresentam cor vermelha para ácidos e azul para bases. No caso de fitas indicadoras, após serem mergulhadas na solução, elas têm sua coloração alterada, indicando o pH preciso da solução, que pode ser conferido através de uma tabela presente em sua caixa. E temos o pHmetro, que indica exatamente o número do pH quando mergulhado na solução testada, sendo mais usado quando se deseja obter um pH específico em laboratório.

Os indicadores naturais são uma solução eficaz para o desvio das dificuldades encontradas pelos professores, como a falta de laboratórios e materiais, e por eles possuírem um baixo custo, logo um acesso mais fácil, e por também apresentarem resultados semelhantes aos demais indicadores industriais. É claro que determinados experimentos podem ser perfeitamente realizados com material de baixo custo ou de custo nenhum e isto até pode contribuir para desenvolver a criatividade dos alunos (AXT e MOREIRA, 1991) podendo ser obtidos a partir de flores, frutas ou plantas muito pigmentadas. Por possuírem a substância chamada antocianina, um pigmento solúvel que tem a característica de mudar sua estrutura quando presente nos meios ácidos e básicos. Podemos encontrá-la nos morangos, amoras, mirtilos e no repolho roxo.

A solução obtida a partir da fervura de folhas do repolho roxo, gera o chá de repolho roxo, que possui a antocianina chamada de Cianidina-3-p-cumarilsoforosídio-5-glicosídio, que é obtida quando o repolho é imerso em água a uma temperatura superior a 70 °C. Uma vez obtida, devido sua característica de mudança da estrutura ao meio em que esteja presente, ela irá indicar a coloração de vermelha a rosa entre meios ácidos e azul, verde e amarelo para meios básicos, indicando quase que perfeitamente as cores de pH da escala que conhecemos, pois com a mudança de pH do meio ela se degrada, causando a alteração da cor e propriedades biológicas. Em conclusão, a absorção de antocianinas no espectro do visível é altamente afetada pelo pH dando origem a uma panóplia de cores muito alargada desde o amarelo ao azul passando pelo vermelho e violeta e que explica em parte a grande diversidade de cores que podemos observar na natureza. (FREITAS, 2019).

Aulas práticas como ferramenta no ensino de Química

O início da experimentação Química se deu em um movimento, no passado, onde esta ciência foi chamada de Alquimia, nome dado à química praticada na Idade Média. Os alquimistas tentavam acelerar os processos em laboratório, por meio de experimentos com fogo, água, terra e ar (os quatro elementos) (AMARAL, 1996 *apud* PENAFORTE, 2014), onde a experimentação era usada em busca da produção da pedra filosofal, um elemento que ao entrar e contato com metais mais simples, os transformaria em ouro e do elixir da longa vida, uma solução que ao ser consumida prolongaria a vida ou até mesmo, daria a tão sonhada imortalidade a quem a consumisse. Tal prática evoluiu muito desde o seu início até os dias atuais, pois foi na alquimia que surgiram muitos métodos, vidrarias e a descoberta/isolamento de substância.

Desde então, a prática experimental de Química vem sendo vista como uma ferramenta muito significativa para o processo de aprendizagem do ensino de Química, já que através dela os alunos podem observar nitidamente um determinado conteúdo teórico, pois quando se é apresentado um determinado experimento, ele atrai a atenção dos estudantes para as suas mudanças de cores, transformações de estado de matéria, entre outras situações que deixam o aluno fascinado e instigado a saber o porquê de tal mudança. Neste contexto, a aplicação de aulas práticas pode ser simplificada e aplicada de forma a agregar conhecimento aos estudantes, facilitar o processo de ensino-aprendizagem, além de inserir e efetuar a importância do trabalho em grupo (DURAZZINI et al., 2018)

O presente trabalho buscou utilizar a experimentação como metodologia eficaz no ensino de química no Ensino Médio das escolas públicas, vista como boa ferramenta não somente por professores e alunos, mas também sendo abordada pelos Parâmetros Curriculares Nacionais do Ensino Médio (PCNEM), onde se explica que, para ocorrer uma boa aprendizagem, é necessário que o assunto seja bem contextualizado e associado ao cotidiano dos alunos, contrapondo a velha prática da memorização e levando o aluno a reconhecer e compreender o que ocorre nos processos de transformações químicas em diferentes contextos. Na fase inicial do ensino de Química, é necessário que se apresentem exemplos reais, para que a aprendizagem venha a ser facilitada, merecendo atenção as atividades experimentais, não somente em laboratório, demonstrações em sala de aula e estudo do meio, possibilitando o exercício de observação e indagação (BRASIL, 2002).

Metodologia

O experimento ocorreu na turma A, do 1º ano do ensino médio de uma escola pública, localizada no município de Maranguape – CE, que contou com a participação de 29 alunos. Para a aula teórica do conteúdo de ácidos e bases, foi aplicada para a turma de forma expositiva com o recurso de Tecnologia de Informação (TI), Datashow, onde foi definido e caracterizado: o que são ácidos e bases; como identificar a tabela de pH; como identificá-los através do seu sabor; quando estes não puderem ser degustados, como fazer. Quando apresentada a escala de pH então, foi questionado aos alunos de que forma poderíamos identificar essas substâncias, uma vez que não soubéssemos seu valor de pH.

As respostas dos alunos foram as mais variadas, onde eles deram algumas sugestões que abaixo irão ser identificadas como, Aluno 1, Aluno 2 e Aluno 3.

Aluno 1: "deve haver algum aparelho que seja capaz de indicar essa concentração";

Aluno 2: "se a gente cheirar, pode ser através do cheiro dela";

Aluno 3: "acho que deve ter algo que pode ser misturado".

Então, foi explicado para a turma que inalar não seria uma opção, pois a substância poderia ser tóxica e causar danos através de sua inalação. Explicou-se que havia um aparelho que realiza essa indicação (pHmetro), como apontou o Aluno 1, mas que também poderíamos descobrir a natureza da substância através da mudança de sua coloração.

Desse modo, foi explicado como funcionam os indicadores de pH e como funcionaria o indicador chá de repolho roxo (que seria o qual usaríamos), pois ao final da aula teórica iríamos ao laboratório para realizar uma aula experimental sobre aquele mesmo assunto.

Logo após a discussão sobre o assunto e sondagem de conhecimentos prévios, os alunos foram divididos em equipes para que pudessem realizar a aula experimental, foram formadas 5 equipes com 5 alunos e 1 equipe com 4 alunos, o total de alunos no dia desta aula eram 31, porém duas alunas se recusaram a participar da aula experimental, restando assim, 29 alunos participando da aula prática experimental, na qual deveriam ser gerados 29 relatórios, 1 por aluno, para que fosse possível ver a clareza no conhecimento individual. O experimento consistia no teste de algumas amostras, onde a turma verificaria quais substâncias ali presentes eram de natureza ácida e quais eram alcalinas (bases).

Como indicador de pH da aula prática, foi utilizado o chá de repolho roxo, um indicador natural e de baixo custo, que por possuir a antocianina, um pigmento solúvel e característico por dar cor a diversas flores e frutos, como o vermelho até o azul e alguns casos, serve como corante natural, também apresentam a propriedade de mudança de coloração quando o pH do meio em que estejam presentes é alterado, devido aos grupos hidroxilas e carboxilas presentes em sua estrutura, como será possível observar na figura 2. Este legume utilizado, além de possuir a substância que precisamos, também faz parte do cotidiano dos alunos, e é de baixo custo e acessível.

As substâncias testadas também foram de baixo custo, foi optado por substâncias que fizessem parte do cotidiano dos estudantes, para a fácil associação do conteúdo, dentre as quais foram escolhidas: suco de limão ($C_6H_8O_7$), vinagre (CH_3COOH), bicarbonato de sódio ($NaHCO_3$) e água sanitária ($NaClO$).

Os materiais utilizados para o teste foram béqueres, tubos de ensaios e Erlenmeyer, disponíveis no laboratório da escola: nos béqueres estavam as quatro soluções, não identificadas, nos Erlenmeyer as soluções de chá de repolho roxo, e cada uma das 6 equipes dispunha de 4 tubos de ensaio para realização do experimento; também haviam tubos de ensaio limpos e disponíveis caso ocorresse algum erro e fosse necessário refazer o experimento com alguma das amostras.

Os alunos deveriam adicionar a substância a ser testada em um tubo de ensaio, e logo em seguida adicionar um pouco do indicador até que a coloração da substância apresentasse uma das possíveis cores indicadas para os meios ácido ou alcalino.

Todas as equipes testaram às quatro amostras disponíveis, onde as equipes ao testarem o suco de limão, observaram a coloração levemente avermelhada, indicando assim um meio ácido, seu pH é de aproximadamente 3. Igualmente ao testarem o vinagre, observaram um meio ácido, de coloração menos intensa que a anterior, seu pH é de aproximadamente 2,3. Ao testarem a água sanitária, observaram uma coloração verde-amarronzada, podendo constatar que o meio era alcalino, seu pH gira em torno de 11,5 e 13,5, da mesma forma que ao testarem o bicarbonato de sódio (solução aquosa), viram que sua coloração foi um verde azulado, constatando um meio alcalino, e seu pH é 8.

No laboratório havia fenolftaleína para diluição, então foi preparada essa solução para fazer mais um teste de conhecimento com os alunos. Em sala já havia sido explicado para a turma que a fenolftaleína é um indicador industrial que indica meios alcalinos, mudando a coloração de incolor para rosa; e que em meios ácidos a solução permanece incolor, uma vez que em meio ácido ela aumenta a concentração dos íons H^+, deslocando assim o equilíbrio.

Em 2 tubos de ensaio foram adicionadas duas substâncias incolores, sem que os alunos percebessem quais eram, e foi indagada a forma de ação da fenolftaleína. A maioria dos alunos da turma responderam que seria a indicação do meio básico e a mudança de coloração seria para o rosa, porém, alguns alunos após verem o resultado confundiram a coloração rosa da solução com os resultados obtidos anteriormente, achando que a mudança para o meio rosa seria a indicação de um ácido, devido à prática que havia sido realizada, observando que as substâncias que apresentaram uma coloração rosa/vermelha eram as de meio ácido. Então foi novamente explicado a forma de ação de cada indicador, e que o extrato de repolho roxo indica cores entre vermelho intenso e laranja para ácidos e azul, verde e roxo intenso para bases, porém, a fenolftaleína indica meios alcalinos e a mudança é para a coloração rosa, e no meio ácido a substância não tem sua coloração alterada.

As substâncias do cotidiano escolhidas, para a realização da aula prática, foram o vinagre e a água sanitária, pois ambos eram soluções incolores, dessa forma, a base utilizada mostraria de forma mais destacada a sua mudança de cor e, por estar muito diluída, não havia mostrado uma coloração tão satisfatória no experimento do uso do indicador anterior, o chá de repolho roxo. Assim como o ácido não teria sua coloração alterada, já que o suco de limão, o outro ácido disponível possui uma leve coloração verde, e não traria o resultado esperado.

Ao adicionar fenolftaleína no tubo de ensaio contendo vinagre e agitando levemente, sua coloração não foi alterada, então os alunos concluíram que aquela era a substância de meio ácido. Ao adicionar a fenolftaleína no tubo de ensaio seguinte, logo a coloração rosa intensa foi observada e eles ficaram fascinados pela mudança da coloração, concluindo que ali o meio era alcalino. Assim foi concluída a aula prática experimental do conteúdo de ácidos e bases. Na figura 4 está em destaque o ambiente do laboratório antes da aula prática ocorrer. Ainda, em sala, foi explicado como deveria ser feita a produção do relatório sobre a aula e quais pontos deveriam ser abordados: capa, introdução, metodologia, conclusão e questionário.

Após finalizada a aula teórica e prática, os alunos tiveram o período de sete dias para escreverem seus relatórios sobre a aula.

QUESTIONÁRIO	
1.	Qual a função de um indicador?
2.	Quais substâncias você testou? Qual a natureza de cada uma delas?
3.	A partir da aula teórica e prática, você conseguiu enxergar melhor a Química no seu dia a dia? Como?
4.	Se pudesse testar outras substâncias, quais seriam? E que indicador você usaria?

Resultados e discussão

Para a seguinte pesquisa, foi utilizada uma análise quantitativa, onde os dados foram obtidos a partir da produção e análise dos relatórios dos alunos, a fim de comprovação de eficácia do método de experimentação química.

Foi possível observar que, em 100% dos trabalhos entregues, ou seja, nos 29 relatórios, os alunos conseguiram ter um bom entendimento da aula teórica, sabendo identificar que ácidos são substâncias que irão possuir um sabor azedo, já as bases irão possuir o sabor adstringente, chamado como "sabor que trava na boca". Em 75% dos trabalhos, os alunos citaram a escala de pH (potencial hidrogeniônico), que é a principal forma de identificarmos uma substância, já que substâncias com pH de 0 a 6 são ácidas, pH 7 neutras e de 8 a 14 são alcalinas. Em 100% dos trabalhos, os alunos citaram os indicadores de pH naturais, citando o chá de repolho roxo como o principal e que também seria possível obter um indicador a partir de folhas e frutas muito pigmentadas, citando como exemplos: amora, jabuticaba, beterraba e uvas. Em 50% dos trabalhos, os alunos apontaram a fenolftaleína como indicador de pH, citando que em meio ácido ela não altera a coloração da substância e em meio alcalino a substância ficará num tom rosado.

Sobre a metodologia, todos os alunos definiram com clareza o processo de assistir à aula teórica e escutarem as orientações da professora até a chegada ao laboratório, relatando que foram apresentadas as vidrarias (tubos de ensaio, béqueres e erlenmeyers), e que ali começou o processo para a aula prática, onde eles deveriam colocar um pouco da substância que queriam testar no tubo de ensaio e adicionar o chá de repolho roxo, e após isso observar a coloração resultante, podendo definir se era um ácido ou base. Todos chegaram à seguinte conclusão para as substâncias testadas:

I. Suco de limão + chá de repolho roxo: coloração rosada. Um ácido.

II. Vinagre + chá de repolho roxo: coloração avermelhada. Um ácido.

III. Água sanitária + chá de repolho roxo: coloração verde amarronzada. Uma base.

IV. Solução de bicarbonato de sódio + chá de repolho roxo: coloração verde. Uma base.

Todos os alunos tiveram a mesma conclusão sobre a natureza das substâncias e em 25% dos trabalhos, de acordo com a escala de pH que havia sido apresentada na aula teórica, os alunos ainda arriscaram os valores de pH para cada substância de acordo com a coloração observada por eles, e fazendo associação com a tabela de pH apresentada na aula teórica, a qual eles haviam fotografado, indicada nos dados abaixo:

1. Água sanitária: coloração amarelada, base de pH 9,8. (pH real – entre 11,5 e 13,5)

2. Vinagre: coloração rosa, ácido de pH 2,3. (pH real – aproximadamente 2,3)

3. Suco de limão: coloração rosa, ácido de pH 3,4. (pH real – entre 2,6 e 3)

4. Bicarbonato: coloração verde, base de pH 8,9. (pH real – 8)

Os alunos também citaram na metodologia o momento em que as substâncias foram testadas com a fenolftaleína, pois, por estar muito diluída, a água sanitária não ofereceu uma boa coloração em contato com o chá de repolho roxo, porém, em contato com a fenolftaleína, ofereceu um rosado forte, podendo assim esclarecer para os alunos que, sim, a água sanitária era de caráter alcalino. Em 25% dos trabalhos, os alunos citaram que sentiram mais clareza da natureza dessa substância após a testagem com a fenolftaleína.

25% dos alunos não colocaram conclusão em seus trabalhos, direcionando-se para a parte do questionário. Nos outros 75% os alunos relataram que conseguiram entender com clareza o que são ácidos, bases e indicadores de pH, que o conteúdo foi de fácil entendimento e associação com o cotidiano deles, e que isso despertou uma curiosidade de testar várias outras substâncias para conhecer sua natureza. E em 25% dos trabalhos, foi citado que a aula teórica não havia ficado muito clara, porém que a partir da aula prática ficou mais fácil o entendimento sobre o assunto, despertando curiosidade sobre o mesmo.

No questionário final do relatório e segunda forma de avaliar o entendimento dos alunos, para a primeira questão, foi possível observar que toda a turma entendeu a função correta de um indicador de pH, citando em todos os trabalhos que sua função é determinar a natureza ácida ou alcalina de uma ou mais substâncias através de sua coloração.

Para a segunda pergunta, 75% dos alunos definiram com clareza as substâncias ácidas e as alcalinas; 25% não completaram as respostas da pergunta.

Para a terceira pergunta, 75% dos alunos responderam que sim, foi possível associar o conteúdo com o seu dia a dia, alegando entenderem o porquê de as frutas cítricas serem azedas, prestarem mais atenção aos sabores e quando algo poderá fazer bem ou mal para a saúde através do sabor. 25% dos alunos disseram não terem conseguido associar o assunto ao seu cotidiano.

Para a quarta e última pergunta, foi questionado aos alunos quais substâncias eles gostariam de testar e quais indicadores eles usariam. A partir do conhecimento obtido, essa pergunta confirmaria se eles realmente haviam associado teoria e prática através do indicador adequado para cada substância. Onde foram indicadas algumas substâncias como água de sabonete e suco de laranja e indicadores como papel de tornassol e extrato de beterraba.

Conclusões

Com todos os relatórios lidos e os questionários avaliados, pode-se afirmar a partir dos dados obtidos que a prática de experimentação química como ferramenta auxiliar no processo ensino-aprendizagem para o conteúdo de ácidos e bases foi muito benéfica, pois os alunos conseguiram relatar claramente os objetivos iniciais da aula, que eram eles: saberem como identificar uma substância de natureza ácida e de natureza alcalina, bem como saberem a função de um indicador de pH e ter conhecimento sobre a escala de pH.

Como citado anteriormente, os mesmos conseguiram visualizar melhor onde esse determinado conteúdo está presente no seu cotidiano e relataram que a aula prática também despertou uma curiosidade para se aprofundarem nesse conteúdo, apresentando assim uma significante melhoria de aprendizagem entre os alunos, tornando o conteúdo teórico mais claro e incentivando o interesse dos alunos pela disciplina.

Vale ressaltar que utilizar elementos de baixo custo e de presença no cotidiano da vida dos alunos deixa esse processo com resultado ainda mais satisfatório, pois a partir do momento em que eles puderam observar que uma prática foi feita com elementos simples e já conhecidos por eles, isso despertou uma curiosidade a buscarem outros elementos do seu cotidiano para inserirem naquele determinado conteúdo em que realizaram a aula prática.

Referências

AXT, Rolando; MOREIRA, Marco Antônio. O Ensino Experimental E A Questão Do Equipamento De Baixo Custo. **Revista Brasileira de Ensino de Física**, v. 13, 1991. Disponível em: https://www.sbfisica.org.br/rbef/pdf/vol13a08.pdf. Acesso em 09 de novembro de 2023.

BRASIL. Instituto Nacional de Estudos e Pesquisas Educacionais Anísio Teixeira, Ministério da Educação **O plano de desenvolvimento da educação: razões, princípios e programas**. 2008. Disponível em: http://portal.mec.gov.br/component/content/article/137-programas-e-acoes-1921564125/pde-plano-de-desenvolvimento-da-educacao-102000926/176-apresentacao. Acesso em 10 de novembro de 2023.

BRASIL. Instituto Nacional de Estudo e Pesquisas Educacionais Anísio Teixeira. Ministério da Educação. **Parâmetros Curriculares Nacionais – Ciências da Natureza, Matemática e suas tecnologias + Ensino Médio**: Brasília: 2012. 30 p. Disponível em: https://bit.ly/3WSEyRG. Acesso em: 09 de novembro de 2023.

BRASIL. Instituto Nacional de Estudo e Pesquisas Educacionais Anísio Teixeira. Ministério da Educação. **Relatório Brasil no Pisa 2018**. Disponível em: https://download.inep.gov.br/acoes_internacionais/pisa/documentos/2019/relatorio_PISA_2018_preliminar.pdf Acesso em: 08 de novembro 2023.

DURAZZINI, A. M. S.; MACHADO, C. H. M.; PEREIRA, A. C.; LIMA, M. C.; PEREIRA, A. M.; PERES, C. A. P. Ensino de Química – algumas aulas práticas utilizando materiais alternativos. **Revista de Ensino de Ciências e Matemática**, [S. l.], v. 11, n. 6, p. 330–349, 2020. DOI: 10.26843/rencima.v11i6.2551. Disponível em: https://revistapos.cruzeirodosul.edu.br/index.php/rencima/article/view/2551. Acesso em: 09 de novembro 2023.

FARIAS, Leila de Jesus da Silva. et al. Casos investigativos como proposta metodológica na abordagem do tema de educação ambiental no Ensino Médio. **Revista Sitio Novo**. Disponível em: http://dx.doi.org/10.47236/2594-7036.2020.v4.i4.230-241p. Acesso em 26 de outubro de 2023.

FREITAS, Victor., (2019). O mundo colorido das antocianinas. **Rev. Ciência Elem**., V7(2):017. Disponível em: https://rce.casadasciencias.org/rceapp/art/2019/017/. Acesso em 11 de novembro de 2023.

GONÇALVES, Fábio Peres; MARQUES, Carlos Alberto. Contribuições pedagógicas e epistemológicas em textos de experimentação no ensino de química. **Investigações em ensino de Ciências**, v. 11, n. 2, p. 219-238, 2016. https://bit.ly/4eakEIf. Acesso em: 09 de novembro de 2023.

MOREIRA, Marco Antônio; MASINI, Elcie F. Salzano. **Aprendizagem Significativa**: A Teoria De David Ausubel. São Paulo: EDITORA MORAES LTDA, 1982.

PENAFORTE, Gilmarxe Santana; DOS SANTOS, Vandreza Souza. O ensino de química por meio de atividades experimentais: aplicação de um novo indicador natural de pH como alternativa no processo de construção do conhecimento no ensino de ácidos e bases. **Educamazônia**, v. 13, n. 2, p. 8-21, 2014. Disponível em: https://dialnet.unirioja.es/servlet/articulo?codigo=4731867. Acesso em: 09 de novembro de 2023.

SALESSE, Anna Maria Teixeira. **A experimentação no ensino de química: importância das aulas práticas no processo de ensino aprendizagem**. Disponível em: https://bit.ly/4bx7289. Acesso em: 09 de novembro de 2023.

A UTILIZAÇÃO DE ESTRATÉGIAS DE ENSINO COMO CONTRIBUIÇÃO PARA A APRENDIZAGEM SIGNIFICATIVA NOS CONTEÚDOS SOBRE TABELA PERIÓDICA

Avinnys da Costa Nogueira
Caroline de Goes Sampaio
Maria Cleide da Silva Barroso

Resumo

A aprendizagem significativa é induzida de maneira não-arbitrária e não-literal, ou seja, não acontece de forma livre, tendo uma regra específica para seu funcionamento que está aberta a vários tipos de abordagens e metodologias. Essa teoria se mostra importante para o ensino médio no Brasil, pois concorda com os PCNs. Através de estratégias de ensino elaboradas por Alves e Anastasiou (2006), o trabalho em questão buscou ensinar o conteúdo de tabela periódica seguindo os modelos de aula expositiva dialogada e dramatização, com o objetivo de comprovar a eficiência do método para a aprendizagem significativa. Como previsto, após a análise dos resultados, foi possível perceber que os alunos tinham aprendido significativamente e que gostariam de participar de outro momento parecido, onde os assuntos seriam abordados de maneiras mais atrativas. Isso mostra a necessidade de compreender várias metodologias de ensino, para que o professor não fique preso sempre na mesma rotina de aulas e que os alunos não se sintam entediados, visto a monotonia aparente do contexto atual do ensino médio brasileiro.

Palavras-chaves: *Aprendizagem Significativa. Subsunçores. Ensino Médio. Estratégias de Ensino e Metodologias.*

Introdução

Segundo os Parâmetros Curriculares Nacionais (PCNs) os alunos devem sair do ensino médio preparados para o mercado de trabalho ou então prontos para cursar uma faculdade, entretanto o que se observa é que esses estudantes acabam se esquecendo de muitos conteúdos e não conseguem utilizá-los no seu dia a dia. Isso acontece porque o aluno não aprendeu significativamente e assim não consegue relacionar esse assunto com eventos do cotidiano e situações problema. (BRASIL, 2006).

A teoria da aprendizagem significativa (TAS) poderia ser um modo de sanar essas dificuldades, ensinando o aluno de acordo com aquilo que ele já sabe, fazendo com que ele veja um significado no que está aprendendo e com que ele não se esqueça do conteúdo, já que estará em sua estrutura cognitiva, sendo assimilada e podendo ser usada a quando for necessário. (AUSUBEL; apud MOREIRA, 2012)

Uma condição para que a aprendizagem significativa aconteça é que o estudante já tenha conhecimentos prévios sobre determinado assunto que pode ou não ser relacionado com a aula em si. Também é necessário que o professor conheça bem o método que vai utilizar para o ensino, disponha dos materiais necessários e consiga tratar os alunos de acordo com suas singularidades, já que a subjetividade de cada um deve ser levada em consideração. (MOREIRA, 2012)

Sendo assim, o objetivo desse trabalho é comprovar a eficiência que algumas estratégias de ensino e avaliação têm ao serem aplicadas no contexto do ensino da tabela periódica com alunos do terceiro ano do ensino médio, buscando a melhoria de ensino e proporcionando uma melhor assimilação do conteúdo por parte dos estudantes. Além disso, busca compreender como o uso de certas metodologias pode contribuir para a formação do aluno.

Desenvolvimento

O Ensino Médio no Brasil

Ao longo do tempo, o ensino no Brasil sofreu diversas modificações no que diz respeito ao acesso, disponibilidade de horários, disciplinas ofertadas, obrigatoriedade de matrículas, dentre outros. Mas foi a partir de 1996, com a Lei de Diretrizes e Bases da Educação Nacional (LDB) – lei nº 9.394/ 1996 que mudanças notórias em relação ao modo como a Educação Básica no Brasil funciona. (BRASIL, 1996)

Em 2009 o Ensino Médio passou a ser obrigatório no Brasil, segundo a LDB e é a partir desse ponto que os questionamentos acerca de sua importância e qualidade ganharam proporções maiores, tanto por parte de alunos, como por parte de gestores e docentes, pois o Ensino Médio é a forma mais eficiente de entrar para o mercado de trabalho, caso o aluno opte por ensino integrado profissionalizante, como também para as universidades, caso o estudante queira uma formação superior em seu currículo. (BRASIL, 2009)

De acordo com a LDB, o Ensino Médio, que é a última etapa da educação básica, tem quatro finalidades principais, são elas: A consolidação e o aprofundamento dos conhecimentos adquiridos no ensino fundamental, possibilitando o prosseguimento de estudos; A preparação básica para o trabalho e a cidadania do educando, para continuar aprendendo, de modo a ser capaz de se adaptar com flexibilidade a novas condições de ocupação ou aperfeiçoamento posteriores; O aprimoramento do educando como pessoa humana, incluindo a formação ética e o desenvolvimento da autonomia intelectual e do pensamento crítico; A compreensão dos fundamentos científico-tecnológicos dos processos produtivos, relacionando a teoria com a prática, no ensino de cada disciplina.

Ainda que o professor tenha muito conhecimento, muita experiência, um material adequado e a atenção do aluno, de nada servirão caso ele não saiba adaptar sua aula nos moldes da realidade do estudante, com exemplos práticos de cotidiano acerca do assunto abordado, já que os discentes em geral sentem a necessidade de saber o porquê de estarem aprendendo determinado assunto ou como poderão usar esse conhecimento em suas respectivas vidas (VILLANI; PACCA, 1997).

A teoria da aprendizagem significativa

É possível notar que a maior parte da aprendizagem que se obtém no Brasil hoje é aquela em que o aluno aprende exatamente o que o professor fala, sem que haja uma necessidade de compreender o motivo disso, entender uma funcionalidade ou sua relação com outros temas, além de não deixar espaço para que esse estudante tenha uma interpretação própria do que está sendo repassado, é o que se chama de aprendizado mecânico, nele o ser humano é considerado uma máquina em que se deve introduzir um algoritmo para que tenha o seu funcionamento perfeito (AUSUBEL; NOVAK; HANESIAN, 1980, apud MOREIRA, 2011).

A teoria da aprendizagem significativa propõe então que o professor deve utilizar aquilo que o aluno já sabe para introduzi-lo novos conteúdos. Entretanto quando já se tem um conhecimento prévio, chamado por Ausubel de subsunçores, o cognitivo do indivíduo busca por similaridades na hora de aprender um novo assunto. Essas similaridades vão fazer com que o estudante aprenda de forma a não se esquecer, ou seja, aprenderá significativamente, pois ele mesmo fez uma correlação com algo que já sabia. (MOREIRA, 2012)

Moreira (2012) ainda afirma que é um tipo de aprendizagem que se dá de forma não-arbitrária e não-literal, ou seja, existe uma sequência lógica entre as ideias e segue uma regra para isso, mas pode ser explicada de acordo com a visão do indivíduo. Portanto, cabe ao professor e aos alunos se adaptarem às situações cotidianas que serão tratados em sala e através dos subsunçores que cada aluno possui obtenham o conhecimento mais satisfatório possível, onde o discente compreende o assunto e sabe o porquê disso. Dessa forma garantem uma maior estabilidade no que diz respeito à estruturação cognitiva e é por esse motivo que esses conhecimentos não são esquecidos facilmente.

Utilizando uma metodologia onde o professor busca formas diferentes de ensinar o conteúdo, com dinâmicas, aulas de laboratório, slides, vídeos, experiências, entre outras, são atrativos para que o aluno tenha interesse no assunto, onde ele pode observar na prática o que acontece, entendendo o significado do que se está aprendendo, quando isso acontece, é bem mais provável que esse aluno aprenda significativamente (FELICETTI; PASTORIZA, 2015).

Alguns autores, como Brum e Poffo (2016); Diesel (2017) e Saraiva (2018) mostram trabalhos a partir de aulas não tradicionais e os resultados são surpreendentes. Observando esses trabalhos já realizados, é possível notar que a aprendizagem no Brasil não tem sido significativa e que necessita rapidamente de melhorias, não só na educação básica, mas em todas as áreas, inclusive no que diz respeito à formação de professores.

A aprendizagem significativa não é arbitrária, ou seja, não acontece de qualquer maneira, há de se traçar um plano com regras pré-estabelecidas e também é não literal, não precisa ser levada ao pé da letra. Dito isto, é necessário que o professor tenha compreensão sobre o assunto que vai trabalhar com os alunos, entender o porquê do método que irá utilizar e aplicá-lo da melhor maneira possível, pois de nada adiantará uma aula que fuja aos padrões para aumentar o entendimento se o próprio professor não o compreender (DIESEL; BALDEZ; MARTINS, 2017).

Segundo Ausubel (1978), o aluno deve ser instigado a aprender e o professor motivado a ensinar, isso seria fortalecido caso o mestre e os aprendizes tivessem uma relação de amizade, pois seria mais fácil reconhecer os subsunçores, principalmente se houvesse um primeiro contato, mais brando, com o conteúdo, onde os alunos tentariam através de suas ideias já estabelecidas, pensar em uma resposta, essa que provavelmente estaria errada, mas contribuiria para o aprendizado significativo. (BRUM; SILVA, 2014)

Segundo Campos e Nigro, existem 4 tipos de atividades práticas: a Demonstração Prática, o Experimentos Ilustrativos, Experimentos Descritivos e Experimentos Investigativos, sendo que cada um deles contribui de uma maneira diferente para o aprendizado do aluno e são, respectivamente mais completos e complexos (NIGRO apud BASSOLI, 2014).

Dessa forma ele poderia ancorar esses assuntos já assimilados com outros que ainda virão, fazendo com que o mesmo tenha, além de um caminho simplificado, meios para lembrar-se do conteúdo e realizar a reconciliação integrativa. Esse fato potencializa o conhecimento já que o aluno poderia ancorar o que é

244 ENSINO DE CIÊNCIAS E MATEMÁTICA

ensinado com o que ele sabe, fazendo com que o mesmo tenha a maior facilidade de lembrar o conteúdo e realizar a reconciliação integrativa (MOREIRA, 2012).

A Tabela Periódica

Antes de 1789, o mundo conhecia cerca de 30 elementos químicos e foi Antoine Lavoisier quem primeiro tentou organizar esses elementos em uma tabela que tivesse todos seus dados, a fim de ser usada para consultas frequentes. A primeira organização foi na forma de tipos de elementos, separados em: simples, metálicas, não metálicas, salificáveis e terrosas (TOLENTINO, et. al. 1997).

Depois dele, vários cientistas começaram a teorizar e reorganizar essa tabela, cada um seguindo uma própria regra, que tinha a ver com propriedades ou até mesmo características dos elementos, onde seriam agrupados de acordo com a regra estabelecida. Vale ressaltar que vários novos elementos foram surgindo e, por consequência, havia uma nova teoria de reorganização e assim por diante (MELO FILHO, 1990).

Em 1829, Dobereiner propôs a lei das tríades, onde os elementos eram organizados em grupos de três em três e tinha como base as suas propriedades químicas (MONTENEGRO, 2013).

Ainda segundo Montenegro (2013) alguns outros químicos trabalharam para tentar explicar os elementos, mas sem sucesso. Até que em 1869 Lothan Meyer publicou uma tabela que tinha como base de organização a valência dos elementos. Apesar de Meyer ter feito a tabela, a ideia de organização por valência tinha partido de outro químico: August Kekulé.

Seguindo essa linha de raciocínio, o químico John Newlands percebeu que se ele organizasse os átomos por ordem de massa atômica, a cada sete elementos contados, o oitavo repetiria uma característica do primeiro. Ele chamou isso de lei das oitavas, fazendo correlação com as notas musicais (Dó, Ré, Mi, Fa, Sol, Lá, Si). Inicialmente essa teoria não foi aceita pelos companheiros de Newlands, que o ridicularizaram. Só após sua morte, a sua contribuição foi notada (NOVA; ALMEIDA; ALMEIDA, 2009).

Na tabela periódica os elementos podem ser classificados como metais, ametais ou semimetais. Os metais são, em geral, bons condutores de corrente elétrica, também possuem brilho quando estão com a superfície polida. Com algumas pequenas exceções, eles também são sólidos à temperatura ambiente (salvo o mercúrio), são maleáveis e podem ser transformados em fios, propriedade chamada de ductibilidade. Dos não metais (ametais), somente o carbono em sua forma alotrópica grafite conduz eletricidade e os mesmos têm as características contrárias às dos metais, principalmente nos pontos de fusão e ebulição não tão elevados. Os semimetais são intermediários entre as características e não possuem elementos suficientes para serem chamados de metais ou de ametais (MONTE-NEGRO, 2013).

Além dessas formas, os átomos também podem ser agrupados por grupos e subgrupos. Os subgrupos A e B comportam uma boa quantidade de elementos, que têm uma relação direta com as subcamadas de energia s, p, d e f. Os elementos representativos estão no subgrupo A e apresentam configurações da camada de valência ns ou $ns\ np$. Já átomos que se encontram no subgrupo B denominam-se elementos de transição, podendo ser simples ou interna, onde os simples se referem aos elementos com a subcamada incompleta e de transição interna aos elementos da subcamada f (BROWN; LEMAY; BURSTEN, 2005).

No subgrupo A estão contidas as principais famílias da tabela periódica, enumeradas de um a oito (1A, 2A, 3A, 4A, 5A, 6A, 7A e 8A), elas correspondem respectivamente às famílias 1, 2, 13, 14, 15, 16, 17 e 18. Cada uma delas possui características próprias e são diferentes entre si e essas características estão diretamente ligadas à quantidade de elétrons presentes na camada de valência dos elementos que compõem a família (BROWN; LEMAN & BURSTEN, 2005).

Além de tudo isso, a tabela também possui diversas propriedades periódicas, como eletropositividade (capacidade de um átomo se transformar em cátion, ou seja, perder elétrons), eletronegatividade (capacidade de um átomo se transformar em ânion, ou seja, ganhar clétrons), energia ou potencial de ionização (energia necessária para retirar um ou mais elétrons de um átomo em sua

ENSINO DE CIÊNCIAS E MATEMÁTICA

forma gasosa), afinidade eletrônica (energia liberada ao adicionar um ou mais elétrons à um átomo em sua forma gasosa), raio atômico (tamanho do átomo), volume atômico, densidade e pontos de fusão (BRADY; HUMISTON, 1981).

Metodologia

A teoria da aprendizagem significativa tem sido aplicada de diversas maneiras em projetos recentes de ensino-aprendizagem. Foi seguindo esses modelos, como o de Alves e Anastasiou (2006) que a base metodológica desse trabalho foi criada, a fim de mais uma vez comprovar a eficiência e a relevância dessa teoria e mostrar as diversas maneiras possíveis de aplicá-la no ensino de química.

O trabalho foi aplicado na escola particular Ateneu, com alunos do terceiro ano do ensino médio. O colégio de ensino regular fica situado no bairro Conjunto Industrial, na cidade de Maracanaú, área metropolitana do estado do Ceará e foi escolhida por ser adepta a métodos alternativos de ensino-aprendizagem, dando oportunidade para os futuros professores poderem ir se desenvolvendo com diversos projetos.

A turma do terceiro ano do ensino médio, com dezesseis alunos, foi escolhida para participar da aplicação pelo fato de teoricamente já possuírem maturidade suficiente para compreender os assuntos que serviriam de gancho para a introdução dos novos conceitos, os subsunçores, facilitando o aprendizado significativo e comprovando a eficiência de todos os métodos escolhidos.

O conteúdo abordado foi "A tabela periódica", dando enfoque principalmente nas famílias (grupos). Esse assunto é primordial para que os alunos compreendam os subsequentes, como as ligações químicas. Também é um conteúdo de suma relevância para o ENEM e outros vestibulares, além de ser uma boa forma de revisar assuntos já vistos pelos estudantes. Isso é uma forma de aplicar o conceito de formação continuada, visto que os parâmetros curriculares nacionais mostram que o conteúdo, teoricamente, já havia sido ensinado no primeiro ano do ensino médio e que no terceiro ano é o momento de revisá-lo.

A metodologia adotada foi dividida em cinco etapas, sendo realizadas em cinco momentos diferentes, onde os estudantes puderam ver teoria e prática, além de acompanhar o próprio desenvolvimento de acordo com os métodos abordados, responder dois questionários (em momentos diferentes) e ainda participar de uma avaliação fora dos padrões tradicionais. Os momentos citados são: Aula expositiva sobre a história da tabela periódica, aula expositiva sobre a tabela periódica atual, questionário 1, dramatização/jogo de escape e questionário 2.

A aula expositiva foi aplicada para apresentar o histórico da tabela e de como ela é organizada hoje em dia. Os alunos puderam comprovar o porquê de esta ser a mais aceita, já que consegue organizar os elementos e agrupá-los por número atômico, por tipo de elemento, por características específicas, por grupos, subgrupos e períodos. Após os alunos já possuírem alguns subsunçores acerca da tabela periódica atual, o conteúdo de divisão dela começou a ser inserido, mostrando as características gerais e específicas de cada grupo, família, tipo e subgrupo, seguindo sempre uma ordem pré-estabelecida que facilitasse a compreensão, além de continuar com o uso do projetor para mostrar as divisões de uma maneira mais didática e dando foco na linguagem visual como meio de potencializar o aprendizado.

Na etapa seguinte do processo, os alunos responderam o questionário 01 sobre o modo como viam o sistema avaliativo atual, como eles se sentiam ao serem avaliados e se tinham alguma vez se sentido prejudicados pelo tipo de prova que faziam. Também poderiam fazer comentários, críticas e sugestões acerca das aulas anteriores sobre a tabela periódica, a fim de sanar todas as dificuldades ainda existentes.

Esse questionário visava compreender um pouco mais da realidade de cada discente, entendendo como estavam em relação ao conteúdo, como tinham assimilado a aula e, sobretudo como estava a confiança deles para realizar uma atividade avaliativa, tomando como base a prova escrita. Além disso, era possível identificar as subjetividades de cada um, elemento essencial para a teoria da aprendizagem significativa.

Após essa etapa, os alunos foram imersos dentro da realidade de uma sala que tinha como temática os jogos de escape, baseados no filme "Jogos Mortais", onde os estudantes eram vítimas de um psicopata. Presos dentro da sala e acorrentados em pontos distantes da sala, eles deveriam buscar elementos da tabela

248 ENSINO DE CIÊNCIAS E MATEMÁTICA

periódica estudados anteriormente para desvendar o enigma e conseguir sair da sala em um tempo pré-determinado.

Os estudantes foram divididos em grupos de quatro pessoas, formando quatro equipes. Cada equipe entrou na sala separadamente, ou seja, somente quatro pessoas jogavam ao mesmo tempo. Eles foram avaliados seguindo um roteiro e de acordo com o seu comportamento dentro da imersão.

A sala foi ambientada de forma com que parecesse uma casa abandonada, cheia de objetos espalhados por todos os lugares, com quatro cadeiras (uma para cada aluno), duas mesas pequenas e um móvel central que serviu como uma estante. Além disso, as luzes estavam apagadas criando uma ambientação de terror, porém necessária nesses tipos de jogos.

Além disso, cada objeto continha uma carta de baralho escondida, que faria uma relação ao número atômico dos elementos, mas o naipe escolhido por eles faria toda a diferença na senha, visto que atrás dessas cartas continha um número (de zero à nove), sendo assim, além de fazer a correlação com os números atômicos, também deveriam averiguar qual seria o naipe adequado de cada carta, que estava atrelado ao tipo de elemento que foi destacado na aula.

Em uma das mesas ficavam os três cofres que eles precisavam abrir para completar o jogo, além de caixas de remédio vazias. Na outra mesa estava uma bolsa, uma caixa de tinta guache e pincéis. No móvel central havia bem mais objetos, como uma caixa de baralho, um estojo, duas caixas de colocar óculos, um porta-joias e duas latas com lápis dentro. Vale ressaltar que os alunos poderiam contar com o auxílio de uma tabela periódica que estava escondida também no móvel.

Além disso, haviam objetos espalhados pelo chão, no cesto de lixo, em uma cesta de doces, nas paredes, atrás de quadros, na lousa, nas cadeiras e até mesmo no ar condicionado, proporcionando um quebra-cabeças complexo e que prenderia a atenção dos alunos, que tentariam achar que elementos da tabela periódica poderiam relacionar com os objetos e cartas encontradas.

Nesse aspecto, a organização era fator crucial para que conseguissem desvendar o mistério, já que as cartas que encontravam estavam dentro dos objetos relacionados e eles sugeriam dicas importantes acerca tanto dos memes utilizados

ENSINO DE CIÊNCIAS E MATEMÁTICA **249**

na aula, como em vídeos e características, também já comentadas nos encontros anteriores. Como regra geral, o objetivo dos estudantes era abrir cada cofre na ordem, para que pudessem continuar jogando. Cada cofre continha dicas sobre qual a ordem das cartas que eles iriam utilizar. Os cofres eram abertos com uma combinação de três números e a ordem deles dependia exclusivamente do local onde tinham escolhido para sentar. Isso é evidenciado de acordo com o número em seus cadeados e em caixas distribuídas a eles.

No começo do jogo, cada estudante recebeu uma caixa contendo as regras em formato de prosa, uma carta de personagem do jogo "Coup" que foi adaptado para representação dos alunos de acordo com características individuais de cada uma delas (Capitão, Embaixador, Duque e Assassino). Dentro da caixa, também havia as primeiras dicas, que serviriam de base para que o jogo seguisse o curso, servindo para abrir o cofre número um.

Seguindo o raciocínio, onde o número da caixa e o número dos cadeados coincidiam, além das dicas colocadas em cada caixa, eles conseguiriam notar que a sequência correta para abrir o primeiro cofre seria dada pelos números atrás das cartas do rei, da rainha e do valete, obrigatoriamente nessa ordem (tabela 1).

Tabela 1 – Conteúdo das caixas

Caixas	Regras	Carta	Dicas
01	Os cofres estão armados com detonadores super-potentes feitos de uma coisinha chamada trini-trotolueno (TNT), qualquer tentativa de abrir sem a senha correta causará a morte de todos instantaneamente.	Capitão	Capitão: Você dará as ordens aqui, conduza sua equipe à vitória de forma organizada, dei-xei uma lanterna para você, caso queira enxergar melhor. Lembre-se da ordem das caixas.

02	Os objetos espalhados pela sala contêm gás cianídrico (HCN), portanto, se quebrarem todos morrerão em 10 segundos pela intoxicação rápida e com cheiro de amêndoas.	Embaixador	Embaixador: Você sempre toma a frente, é o primeiro a se mover e deve fazê-lo de forma inteligente. É dessa forma que os reis tomam ações.
03	As demarcações contêm sensores altamente sensíveis, saiam do local demarcado e tudo explodirá	Duque	Duque: Você é o administrador, tenha paciência de esperar, mas astúcia de se colocar à disposição quando for conveniente. Siga a rainha.
04	O corpo de vocês está coberto por pó de prata, não ligue a luz em hipótese alguma	Assassino	Assassino: Você é paciente e espera o momento certo, nada vem depois de você, mas deve aguardar até o último momento. O valete é o seu guia

Fonte: Elaboração dos autores.

Para encontrar as pistas do primeiro cofre, os alunos precisariam fazer relações com os elementos destacados de cada família da tabela periódica, começando pelo sódio, de número atômico onze. No baralho, o número onze é representado pelo elemento, representado pela letra J, o valete. O valete de copas foi o escolhido para representar o sódio, pois além do número atômico ser o mesmo, seu consumo em excesso causa problemas no coração, fato esse bastante comentado durante a aula. Além disso, essa carta poderia ser encontrada dentro da caixa do remédio "paracetamol". Isso se deve à utilização como remédio para enxaquecas nos tempos mais antigos. O número atrás da carta era o sete, escolhido aleatoriamente.

O elemento seguinte seria o magnésio, que foi associado na aula com fotografia, já que era utilizado como flashes em câmeras fotográficas antigas. Visto isso, foi colocada na sala uma caixa de câmera, contendo dentro a carta de baralho dama de ouros. A carta foi escolhida pelo número atômico do magnésio coincidir com o número representado pela rainha, o doze, já o naipe foi por conta da demonstração de riqueza que as pessoas tentavam passar quando tiravam fotos. O número no verso da carta era o um e foi escolhido de forma aleatória.

Depois veio o alumínio, o elemento de número treze na tabela. Ele foi representado pelo rei de espadas, a carta que também é atribuída ao número treze estava escondida dentro de um espelho portátil, por conta de o alumínio ter um brilho característico e quando polido servir como uma espécie de espelho, já que reflete a imagem como se fosse um espelho. O naipe de espadas foi escolhido por conta das várias ligas metálicas que o alumínio pode compor, servindo para esse tipo de armamento. A carta tinha presa atrás o número quatro, que foi escolhido sem nenhuma regra.

Com os três números em mãos e com a ordem (K,Q,J) proporcionada pelas dicas em cada caixa e combinadas com os números dos cadeados, os alunos deveriam colocar a senha (417) para abrir o primeiro cofre e checar o que havia dentro, coletando assim a segunda leva de dicas, que seriam necessárias para a abertura do cofre número dois.

Ao ser aberto, ele traria mais uma dica para cada personagem (Capitão, Embaixador, Duque e Assassino), podendo o jogo ser continuado e dando a oportunidade de os estudantes ficarem cada vez mais perto do objetivo principal que era encontrar as chaves. O esquema a seguir mostra as dicas direcionadas a cada personagem (Tabela 2).

Tabela 2 – Conteúdo do cofre 01

Personagem	Dica
Capitão	Você ajuda seus colegas e tem espírito de liderança. Mais uma vez deixei presentes pra você, distribua essas dicas entre todos como sinal de confiança.
Embaixador	Você é esforçado e merece ser premiado por isso, escolha o prêmio mais caro e este será seu.
Duque	Apesar do tic-tac do relógio, se acalme. Fica frio aí.
Assassino	Cuidado para não deixar digitais, é simples usar o pó de grafite contra você, ou você nunca assistiu CSI?

Fonte: Elaboração dos autores.

A família seguinte da tabela periódica era a 4A, com o carbono sendo o elemento destacado. Para ele, foram escolhidas duas cartas e não somente uma, o seis de ouros e o seis de paus, relacionando o número atômico do elemento com o número da carta e relacionando os naipes com as formas alotrópicas do carbono, onde o naipe de ouro representava o diamante e o naipe de paus representava o grafite. Além disso, também se encontravam em locais distintos. A carta relacionada com o diamante estava dentro de um porta-joias, com um fundo falso e a carta relacionada com o grafite estava em um estojo cheio de lápis e lapiseiras. Seus números eram respectivamente o três e o nove, escolhidos aleatoriamente.

Para representar o nitrogênio, nenhum composto o contendo foi escolhido, por conta de seus odores muito fortes. Entretanto, o meme que melhor o representou em sala de aula foi o que fazia alusão ao nitrogênio líquido e sua característica de congelar instantaneamente a maioria dos objetos que entram em contato com ele. Visto isso, a carta escolhida foi o sete de ouros, mais uma vez seguindo o número atômico e com o naipe determinado pelo componente "água-régia", solução capaz de dissolver o ouro. A carta estava presa ao ar condicionado e continha o número zero em seu verso, escolhido de forma aleatória.

Com mais esses três números, eles deveriam mais uma vez relacionar com a ordem dos cadeados, onde cada dica coletada no cofre anterior serviria para a combinação do próximo. Portanto, a senha do cofre seria dada pelos números do verso das cartas representando o carbono (diamante), o nitrogênio e o carbono (grafite), ou seja, (309), pois nas dicas, o diamante seria o elemento mais caro, seguido pelo nitrogênio por conta de suas propriedades na forma líquida e o grafite por ser utilizado pela perícia forense em alguns casos de determinação de digitais.

No último cofre estavam as últimas dicas que sugeriam a ordem, sendo mais uma vez uma para cada personagem que os alunos estavam representando. O capitão novamente não fazia parte da ordem, mas vale ressaltar que os cofres estavam somente ao seu alcance e ele deveria agir como o líder da equipe, distribuindo os presentes e organizando as senhas.

Tabela 3 – Conteúdo do cofre 02

Personagem	Dica
Capitão	Aceite meu último presente como prova de minha bondade, vocês estão cada vez mais próximos do destino final.
Embaixador	Você já se livrou do peso da luxúria, agora voe.
Duque	É mais fácil seguir adiante quando você descansa e respira um pouco de ar fresco.
Assassino	A consciência pode até ficar suja, mas suas mãos não.

Fonte: Elaboração dos autores.

Ao ser aberto, o cofre número dois tinha, além das dicas de ordem para o cofre três, um presente por eles terem chegado tão longe: uma carta que deveria ser utilizada, o oito de copas. O número faz referência ao oxigênio de acordo com seu número atômico e o naipe de copas à importância que o elemento tem para a sobrevivência humana, principalmente pelo fato de que o corpo sintetiza a molécula diatômica do O_2. Atrás da carta havia o próprio número oito, escolhido de forma aleatória.

Na família dos halogênios, o flúor foi o escolhido para ser representado em sala, sendo sua carta o nove de paus. O número atômico serviu como base e o naipe foi escolhido por ser o que melhor representava a matéria orgânica dissolvida pelo flúor em um vídeo apresentado em sala, da série de TV *"Breaking Bad"*, onde os protagonistas discutem por um deles não ter obedecido e colocado um ser humano morto para se decompor em ácido fluorídrico em uma banheira e não em um balde de plástico como fora ordenado. A carta seria encontrada em uma saboneteira, fazendo alusão à mesma cena descrita e o número no verso era o nove, escolhido com base na aleatoriedade.

A última carta, que representava o gás nobre hélio, seria encontrada colada em uma bexiga. O número atômico do elemento é dois, bem como sua carta, que teve o naipe de ouros escolhido por conta da alcunha de nobre em sua família. O local onde deveria ser achado se deve ao fato de o gás hélio ser utilizado para encher balões e ser responsável por fazê-lo voar, pelo motivo de ser menos denso que a mistura de gases que está na atmosfera. O número no verso da carta era o sete, escolhido de maneira aleatória.

Com as dicas de personagem, era possível fazer a relação com a senha do último cofre, sendo ela ordenada pelos elementos hélio (pela utilização nos balões), oxigênio (ar fresco) e flúor (saboneteira). Visto isso, a senha seria (789) e quando aberto os alunos poderiam coletar as chaves de seus cadeados e finalmente sair da sala.

Esse modelo também segue as estratégias de ensino propostas por Alves e Anastasiou (2006), sendo definida com dramatização e com um quadro explicativo onde é possível se basear e adaptar para a elaboração de atividades do mesmo cunho.

Após a saída dos alunos, eles responderam a um último questionário, onde puderam relatar suas experiências dentro da sala e como esse tipo de alternativa metodológica poderia ajudar no que diz respeito ao ensino-aprendizagem.

Também foi questionado como eles se sentiram em relação ao conforto de realizar uma atividade avaliativa que não seguia os padrões que estavam acostumados, como provas escritas e seminários.

Os estudantes ficaram livres para fazer críticas, elogios ou sugestões acerca do método avaliativo, contribuindo assim para novos futuros projetos e para a aprendizagem de uma maneira geral, seguindo sempre os modelos propostos pela BNCC, pelos PCNs e pela LDB.

Resultados e discussões

História da tabela periódica

Em sua teoria da aprendizagem significativa, Ausubel também considera o aprendizado tradicional como ferramenta de ensino e que pode ser utilizada, porém não em excesso e de forma cautelosa, para que os alunos não se sintam deslocados da aula e mesmo com essa metodologia consigam aprender significativamente. (MOREIRA, 2012).

ENSINO DE CIÊNCIAS E MATEMÁTICA

Nesse sentido, a história da tabela periódica teve um resultado satisfatório para a aula de tabela periódica, agregando motivos, objetivos e resultados de cada tabela e inspirando perguntas acerca de como fazer para que todos os elementos fossem organizados do modo mais conveniente possível

Na linha do tempo, os estudantes também puderam acompanhar fotos das tabelas antigas, de modo a fazer sempre a comparação entre estas e a tabela que eles se lembravam dos livros de química que estavam acostumados a ver.

As divisões da tabela foram apresentadas, assim como as características por trás de cada uma delas. Os alunos fizeram perguntas e suposições a respeito das divisões, tais como as diferenças entre metal e ametal, onde era possível encontrar nitrogênio líquido, quais as diferenças estruturais que explicavam as formas alotrópicas do carbono, dentre outras. Além de envolver a química com o cotidiano, a tentativa de se aproximar dos alunos através da linguagem surtiu um efeito muito positivo.

Por estarem tão focados e tão à vontade, foi possível captar quais subsunçores eles possuíam e a partir disso ir ancorando os conhecimentos potencialmente significativos. Vale ressaltar que a etapa um foi de suma importância nessa parte do processo, já que proporcionou os primeiros subsunçores e estes foram ancorados de maneira muito satisfatória, prova disso foi que os estudantes questionaram mais de uma vez sobre a não existência/ineficiência de outras tabelas apresentadas para a explicação das divisões da tabela atual.

Aplicação do Questionário 01

Utilizando o questionário 01 como forma de identificar a satisfação dos alunos com os modelos atuais de avaliação, notou-se que os mesmos não se sentiam confortáveis com o estilo de prova escrita, onde muitos se sentiram até mesmo prejudicados por acharem que sabiam o conteúdo, mas na hora de passar para o papel não obtiveram êxito.

ENSINO DE CIÊNCIAS E MATEMÁTICA

Q1.1 – Você se sente confortável ao realizar uma prova escrita?

De acordo com as respostas foi possível notar que grande parte dos alunos se sente pouco ou nada confortável para realizar provas escritas de maneira tradicional, portanto mostram a necessidade de adotar alternativas em que consigam de fato demonstrar seu conhecimento, onde o nervosismo não seja um empecilho. Esse dado também abre questionamentos acerca de como os alunos são preparados e de como encaram o significado de prova.

Q1.2 – Você acredita que melhoraria o rendimento escolar caso fizesse outros tipos de avaliação?

A partir da análise pôde-se inferir que grande parte dos alunos acredita que seu rendimento poderia melhorar caso fizesse avaliações seguindo outro formato. Nenhum deles especificou o tipo de avaliação que gostariam de ter e que se sentiriam mais confiantes, contudo, o professor pode fazer uma análise das dificuldades de cada um, com um maior tempo de trabalho com eles e aplicar a forma de prova não-tradicional que desejar e julgar mais eficiente para cada caso.

Q1.3 – Você acredita já ter sido prejudicado pelo tipo de avaliação que realizou?

Uma quantidade considerável de estudantes acredita ainda que o modelo tradicional de prova já os atrapalhou em algum momento de sua vivência escolar, seja por não terem compreendido o teor das perguntas, seja pelo nervosismo ou até mesmo por não estarem em um dia de inspiração para transferir seus conhecimentos para o papel.

Q1.4 – Você acha importante aprender mecanicamente?

Foi possível perceber que os alunos compreenderam que existem várias formas de se aprender e que a subjetividade deles sempre deveria ser considerada pelo professor. Além disso, notaram que não havia só uma forma de aprender e demonstrar que aprendeu, passando a ideia de segurança nos métodos adotados e passando tranquilidade no que diz respeito às outras etapas do trabalho que ainda viriam partindo desse momento.

Q1.5 – Você acha importante aprender significativamente?

Seguindo a mesma linha de raciocínio, os estudantes também puderam entender um pouco sobre a teoria da aprendizagem significativa e notaram que muitas vezes já haviam se utilizado dela, mas sem perceber. Com essa troca de experiências, eles perceberam a importância de aprender significativamente, já que todos possuíam pelo menos um exemplo a ser compartilhado com todos os presentes.

Dramatização / jogo de escape

As equipes de quatro integrantes entraram na sala temática uma de cada vez, tendo 25 minutos para desvendar o enigma e sair da sala. Apenas uma equipe conseguiu realizar tal feito, por conta principalmente da dificuldade elevada do enigma e por necessitarem utilizar de outras habilidades que não dizem respeito com a química, como comunicação, trabalho em equipe e agilidade.

Visto isso, eles foram avaliados seguindo um critério onde as habilidades individuais e coletivas eram testadas e a nota não dependia se ganhassem ou perdessem, mas sim no quanto conseguiam correlacionar os conteúdos vistos em sala, onde todos se saíram muito bem.

Vale ressaltar que o trabalho em equipe fez com que diversas vezes debatessem sobre os elementos da tabela periódica e os estudantes demonstraram profundo conhecimento acerca do assunto, comprovando que a aprendizagem tinha realmente sido significativa e demonstrando a eficiência do método de ensino-aprendizagem e avaliação.

A equipe um demonstrou muita agilidade e raciocínio lógico aguçado, porém a falta de organização fez com que várias vezes perdessem as cartas e esquecendo onde as haviam encontrado. Mesmo assim, deram a volta por cima, compreenderam o que deveriam fazer e a ordem tinham que seguir para abrir os três cofres e conseguir escapar da sala. Vale ressaltar que o trabalho em equipe fez com que diversas vezes debatessem sobre os elementos da tabela periódica e os estudantes demonstraram profundo conhecimento acerca do assunto, comprovando que a aprendizagem tinha realmente sido significativa e demonstrando a eficiência do método de ensino-aprendizagem e avaliação.

A equipe dois não foi tão ágil, porém mostrou uma organização muito boa, uma comunicação interessante e conhecimentos bem relevantes. Essa equipe não conseguiu sair da sala, por não terem entendido o enigma e, consequentemente a ordem das cartas. Essa equipe, apesar de não ter aberto nenhum dos três cofres, demonstrou que tinham aprendido significativamente sobre a tabela, tanto é que poucas vezes utilizaram a tabela periódica contida na sala, pois já sabiam as características e famílias dos elementos que iam encontrando em forma de carta.

A terceira equipe também não se saiu bem no quesito abrir os cofres, entretanto o que mais os prejudicou foi a falta de comunicação e agilidade. Os integrantes só começaram a trocar ideias sobre o enigma após terem passados cinco minutos no cronômetro. Esse atraso, juntamente com o ritmo desacelerado com que resolviam os enigmas acabou fazendo com que eles não estabelecessem uma regra para a abertura dos cofres e por isso falharam no objetivo principal. Porém eles demonstraram conhecimento satisfatório sobre os elementos e sobre a tabela periódica, mostrando que o que tinham aprendido em sala serviu como base para que pudessem se desenvolver dentro da situação problema.

A última equipe começou de forma muito desorganizada, porém com agilidade e comunicação excelentes, além de uma compreensão sobre a tabela periódica extremamente avançada. Eles conseguiram em pouco tempo encontrar todas as cartas, mas a falta de organização do começo fez com que se perdessem no meio do processo. A lógica por trás da combinação e ordem dos cofres também tardou muito a ser descoberta, fazendo com que somente conseguissem abrir um dos três cofres.

As notas ficaram entre (8,5) e (10,0), mostrando que o aprendizado foi significativo e comprovando que alternativas metodológicas para avaliação são uma maneira eficiente de deixar os alunos confortáveis em situações onde ele precisa ser avaliado. Além disso, a aula expositiva de maneira não-tradicional e utilizando OA, faz com que o aluno consiga compreender a necessidade de estudar o que está estudando, proporcionando uma aprendizagem significativa.

Um ponto a se destacar é que todos os alunos obtiveram nota máxima no quesito conhecimento, demonstrando que a aula interativa serviu para fazer a ancoragem de assuntos, consequentemente, colaborando de forma direta para o aprendizado significativo, já que a partir desse momento eles veriam um propósito para estudar, mostrando que a química está presente no cotidiano de todos.

Aplicação do Questionário 02

Outro questionário foi aplicado com os alunos a fim de entender o quanto eles se sentiram confortáveis com o método alternativo de avaliação, se gostariam de ter na escola esse método e de como a combinação de metodologias conseguiu impactar no aprendizado deles.

Q2. 1 – Você se sentiu confortável com o método avaliativo em forma de um jogo de escape?

Os alunos se mostraram bastante confortáveis no ambiente avaliativo, demonstrando que esse método pode ser uma importante ferramenta usada pelo professor para potencializar o aprendizado e proporcionar confiança na hora de ser avaliado, já que o momento é de entretenimento. Dessa maneira, tudo é feito com mais paciência e com menos preocupações acerca da nota, mas sim com a diversão.

Esse tipo de descontração se mostrou importante para o ensino-aprendizagem, exemplificando como é possível unir o útil ao agradável quando se trata de conteúdos que necessitam ser aprendidos de forma significativa, por serem base para tantos outros e estarem atreladas às futuras provas e exames que os estudantes deverão enfrentar.

Q2. 2 – Você acredita que o seu desempenho melhorou com esse método de ensino e avaliação?

É de suma importância avaliar os resultados obtidos com essa simples pergunta, já que um número tão alto de alunos acredita ter melhorado o seu desempenho nesse tipo de avaliação. Mesmo que seja um dado empírico, é possível notar que a confiança dos estudantes foi afetada de maneira positiva, demonstrando que eles ao menos acreditariam um pouco mais em seu potencial caso essas avaliações alternativas fossem adotadas mais vezes.

Q2. 3 – Você gostaria de realizar mais atividades avaliativas nesse formato?

Além da confiança, há também à vontade e nesse quesito a resposta foi unânime. Todos os alunos responderam que gostariam de realizar mais avaliações não-tradicionais, demonstrando que o modelo atual não agrada a todos e essa possível rotatividade de métodos avaliativos poderia ser importante para fazer com que os alunos tivessem mais interesse em aprender e assim terem melhores resultados.

Q2. 4 – Você acredita que a aula não-tradicional contribuiu para seu desempenho na sala temática?

Além da diversão, existe também a parte de conteúdos, que sem dúvidas é a mais importante no quesito da educação. Nesse gráfico é possível identificar que os alunos não somente encararam os encontros como entretenimento, mas sim como aulas importantes e que contribuíram de alguma maneira para o engrandecimento pessoal e a ancoragem de conteúdos na estrutura cognitiva.

Ao entender a importância do modelo de aula adotado nos primeiros encontros, os estudantes demonstraram que de fato estavam interessados em aprender e dividir experiências, buscando explicações para eventos cotidianos e relacionando o conteúdo de tabela periódica com outros já assimilados, proporcionando a reconciliação integrativa.

Q2. 5 – Você acredita que aprendeu significativamente o conteúdo de tabela periódica?

Compreendendo um pouco sobre a teoria da aprendizagem significativa, os alunos puderam opinar sobre a forma como tinham aprendido e surpreendentemente uma esmagadora maioria acredita ter aprendido significativamente, demonstrando não só a eficácia dos métodos adotados como também a capacidade de despertar nos estudantes um desejo pelo aprendizado, já que puderam compreender como isso afeta diretamente suas vidas em situações do cotidiano.

Conclusão

O trabalho desenvolvido foi importante para demonstrar a importância da aprendizagem significativa no contexto do Brasil atual, onde os estudantes precisam demonstrar várias vezes ao longo do ano que estão sendo bem preparados para o mercado de trabalho e tendo sempre demonstrar suas habilidades como um ser humano crítico e que lida bem com as problemáticas do cotidiano.

Eles se mostraram receptivos às estratégias de ensino e avaliação adotadas, compreenderam os motivos e compraram a ideia de que seria uma experiência relevante e que seria essencial aprender de forma a não se esquecer dos conteúdos abordados e que pudessem fazer uma correlação com outros assuntos trabalhados anteriormente. Para eles, a aprendizagem foi significativa e as notas comprovam que o fato de aprenderem com elementos que estejam dentro de suas realidades de fato potencializa a transmissão de conteúdos entre professor e estudante.

Os métodos utilizados durante os encontros se provaram extremamente eficazes, principalmente quando é explicado desde o começo no que se baseia a estratégia de ensino. Quando os alunos sabem onde pretendem chegar, fica mais simples guiá-los até o objetivo, e o mesmo acontece da forma inversa, quando os estudantes compreendem o que o professor busca com a aula, se torna mais simples seguir o caminho que ele está propondo.

Além disso, vale ressaltar que quando o professor compreende bem sua própria estratégia de ensino e se prepara para qualquer tipo de adversidade, as aulas fluem de uma maneira natural e se tornam mais atrativas para os discentes. Junto com a estratégia, o professor também deverá ter vasto conhecimento acerca do assunto e de como relacionar este às outras áreas de ensino, entrando no âmbito social, científico e ambiental.

A teoria da aprendizagem significativa combinada com metodologias ativas de ensino, objetos de aprendizagem, mapas conceituais, dentre outras se prova uma ferramenta importante para a melhoria do ensino no Brasil, onde as leis e parâmetros são bem organizados e com metas interessantes, mas que no contexto atual não vêm sendo bem aproveitadas.

Referências

ANASTASIOU, L. das G. C.; ALVES, L. P.(orgs.). **Processos de ensinagem na universidade: pressupostos para as estratégias de trabalho em sala de aula**. 6. Ed. – Joinville, SC: UNIVILLE, 2006. Disponível em: https://ediscipinas.usp.br/pluginfile.php/4524251/mod_resource/content/2/Processos%20de%20Ensinagem.pdf. Acesso em: 22 de janeiro de 2020.

BRADY, J.; HUMISTON, G. E. **Química Geral**. Ed. Livros Técnicos Científicos, Rio de Janeiro, 1981.

BRASIL, Orientações Educacionais. **Complementares aos Parâmetros Curriculares Nacionais (PCN+). Ciências da Natureza e Matemática e suas tecnologias**. Brasília: MEC, 2006.

BRASIL. **Lei de Diretrizes e Bases da Educação Nacional**. Lei número 9394, 20 de dezembro de 1996.

BRASIL. MINISTÉRIO DA EDUCAÇÃO. SECRETARIA DE EDUCAÇÃO BÁSICA. **Parâmetros nacionais de qualidade para o ensino médio**. Ministério da Educação. Secretaria de Educação Básica: Brasília (DF), 2006 v.l; il.

BROWN, Lemay; Bursten. Química: A ciência central. 9 ed. Pearson Prentice Hall, ed. 2005.

BRUM, W.; P.; SILVA, C. R. Uso de um objeto de aprendizagem no ensino de matemática tomando-se como referência a teoria da aprendizagem Significativa. Aprendizagem Significativa. **Revista/Meaningful Learning Review**, v. 4 (2), p. 15-31, 2014. Disponível em: http://www.if.ufrgs.br/asr/artigos/Artigo_ID56/v4_n2_a2014.pdf.Acesso em 03 de janeiro de 2020.

BRUM, Wanderley Pivatto; POFFO, Isabel Regine Depiné. O uso de pressupostos teóricos da teoria da aprendizagem significativa no estudo acerca de análise combinatória. **Góndola, enseñanza y aprendizaje de lasciencias**, v. 11, n. 1, p. 117-127, janeiro de 2016. Disponível em: https://revistas.udistrital.edu.co/ojs/index.php/GDLA/article/view/9447/html. Acesso em: 10 de janeiro de 2020.

DIESEL, Aline; et. al. Os princípios das metodologias ativas de ensino: uma abordagem teórica. **Revista Thema**, v. 14, n. 1, p. 268-288, fev. 2017. ISSN 2177-2894. Disponível em: http://revistathema.ifsul.edu.br/index.php/thema/article/view/404/295. Acesso em 13 de janeiro de 2020.

ENSINO DE CIÊNCIAS E MATEMÁTICA

FELICETTI, S. A.; PASTORIZA, B. S. Aprendizagem Significativa e ensino de ciências naturais: um levantamento bibliográfico dos anos de 2000 a 2013. Aprendizagem Significativa em **Revista/Meaningful Learning Review**. v. 2, p. 01-12, 2015. Disponível em: http://www.if.ufrgs.br/asr/artigos/Artigo_ID78/v5_n2_a2015.pdf.Acesso em 21 de janeiro de 2020.

MELO FILHO, J.; FARIA, R. B. 120 anos da construção periódica dos elementos. **Química Nova**, v. 13, n. 1, p. 53-58, jan. 1990.

MONTENEGRO, J. A. **O uso da tabela periódica interativa como aplicativo para o ensino de química**. 96 f. Dissertação (Mestrado Profissional em Ensino em Ciências da Saúde e do Meio Ambiente) – Fundação Oswaldo Aranha, Volta Redonda, 2013.

MOREIRA, Marco Antonio e MASINI, Elcie F. Salzano. **Aprendizagem significativa: a teoria de David Ausubel**. 2 ed, São Paulo: Centauro, 2001.

MOREIRA, Marco Antonio. ¿Al final, que és aprendizaje significativo? **Revista Qurriculum**, La Laguna, v. 25, p. 29-56, 2012. Disponível em: http://www.if.ufrgs.br/~moreira/oqueeafinal.pdf.Acesso em: 19 de Janeiro de 2020.

MOREIRA, Marco Antonio. APRENDIZAGEM SIGNIFICATIVA: UM CONCEITO SUBJACENTE. **Revista Meaningful Learning Review**, v.1(3), pp. 25-46, 2011. Disponível em: https://bit.ly/4buuSRM. Acesso em: 21 de dezembro de 2019.

NOVA, A. C. F. V.; ALMEIDA, D. G.; ALMEIDA, M. A. V. Marcos histórico da construção da Tabela periódica e seu aprimoramento. Em: JORNADA DE ENSINO, PESQUISA E EXTENSÃO JEPEX, 9., Recife. 2009, **Anais...** Recife: EdUFRPE, 2009.

SARAIVA, Francisco Alberto et al. Atividade Experimental como Proposta de Formação de Aprendizagem Significativa no Tópico de Estudo de Soluções no Ensino Médio. **Revista Thema**. v. 14, n. 2, p. 194-208, maio de 2017. Disponível em: http://revistathema.ifsul.edu.br/index.php/thema/article/view/424/360. Acesso em 09 de janeiro de 2020.

VILLANI, Alberto; PACCA, Jesuina Lopes de Almeida. **Rev. Fac. Educ.** v. 23 n. 1-2 São Paulo Jan./Dec. 1997. Disponível em: http://dx.doi.org/10.1590/S0102-25551997000100011.Acesso em: 20 de janeiro de 2020.

1ª. edição:	Junho de 2024
Tiragem:	300 exemplares
Formato:	16x23 cm
Mancha:	12,3 x 19,9 cm
Tipografia:	Open Sans 10/14/18
	Garamond 11
	Roboto 9/10
Impressão:	Offset 75 g/m²
Gráfica:	Prime Graph